普通高等教育“十三五”规划教材（软件工程专业）

# Java 程序设计案例教程

主　编　宁淑荣　杨国兴

中国水利水电出版社
www.waterpub.com.cn
·北京·

## 内 容 提 要

本书是一本将 Java 作为入门语言的计算机编程教材，通过大量实例介绍 Java 语言和面向对象程序设计方法，主要内容包括：Java 语法基础、数据类型、运算符、控制语句、数组、类与对象、继承与多态、Java 常用类、异常处理、图形用户界面编程、多线程、输入输出、数据库编程和网络编程。

为帮助读者巩固本书所学的 Java 基本知识，我们还编写了配套教材《Java 程序设计实训教程》，已经出版。

本书可作为高等院校 Java 程序设计或面向对象程序设计课程的教材，同时对使用 Java 进行程序开发的技术人员也有一定的参考价值。

**图书在版编目（CIP）数据**

Java程序设计案例教程 / 宁淑荣，杨国兴主编. --
北京 : 中国水利水电出版社，2018.9
普通高等教育“十三五”规划教材. 软件工程专业
ISBN 978-7-5170-6892-1

Ⅰ. ①J… Ⅱ. ①宁… ②杨… Ⅲ. ①JAVA语言－程序设计－高等学校－教材 Ⅳ. ①TP312.8

中国版本图书馆CIP数据核字(2018)第215491号

策划编辑：周益丹　　责任编辑：张玉玲　　封面设计：李　佳

| | |
|---|---|
| 书　　名 | 普通高等教育“十三五”规划教材（软件工程专业）<br>Java 程序设计案例教程<br>Java CHENGXU SHEJI ANLI JIAOCHENG |
| 作　　者 | 主　编　宁淑荣　杨国兴 |
| 出版发行 | 中国水利水电出版社<br>（北京市海淀区玉渊潭南路 1 号 D 座　100038）<br>网址：www.waterpub.com.cn<br>E-mail：mchannel@263.net（万水）<br>sales@waterpub.com.cn<br>电话：（010）68367658（营销中心）、82562819（万水） |
| 经　　售 | 全国各地新华书店和相关出版物销售网点 |
| 排　　版 | 北京万水电子信息有限公司 |
| 印　　刷 | 三河航远印刷有限公司 |
| 规　　格 | 184mm×260mm　16 开本　15 印张　370 千字 |
| 版　　次 | 2018 年 9 月第 1 版　2018 年 9 月第 1 次印刷 |
| 印　　数 | 0001—3000 册 |
| 定　　价 | 38.00 元 |

# 前　　言

Java 是近年来广泛使用的计算机程序设计语言之一。作者结合多年讲授 Java 课程的经验精心编写了本书。

在编写本书的过程中作者始终遵循可读性和好用性两个原则，努力做到从学习者和讲授者两个角度组织编写教材中的内容。从学习者的角度编写教材，体会在学习相关知识时会遇到哪些疑问，这样在教材中就可以有预见性地给出一定的提示，尽量用实例把复杂的事物简单地描述清楚，提高教材的可读性，以利于读者自学；从讲授者的角度编写教材，在讲解某个知识点时始终思考以什么方式提出问题、以何种方式何种顺序介绍知识，找到最恰当的方式，使教材更好用。

为方便教师教学与学生学习，本书提供 PowerPoint 电子教案，教师可根据具体情况进行必要的修改。

本书共 12 章：Java 概述、Java 语言基础、数组、类与对象、继承与多态、常用类、异常处理、图形用户界面、多线程、文件与输入输出流、数据库编程、网络编程。

本书由宁淑荣、杨国兴任主编，廖礼萍、张永杰、蔡蓉任副主编，参加编写工作的还有郝瑞朝、王京京、严婷。

本书的编写得到了“北京联合大学规划教材建设项目”资助，特此感谢。

在本书写作过程中，作者参考了大量书籍以及网络上的资源，在此表示感谢。

由于作者水平有限，书中难免有不妥之处，恳请专家与读者批评指正。

编者

2018 年 7 月

# 目　录

# 第 1 章　Java 概述

Java 是一种计算机编程语言，拥有跨平台、面向对象、泛型编程的特性，广泛应用于企业级Web 应用开发和移动应用开发。TIOBE 编程语言社区发布了 2018 年 5 月排行榜，Java、C、C++三种编程语言依然占据前三位，如图 1.1 所示。

| May 2018 | May 2017 | Change | Programming Language | Ratings | Change |
|---|---|---|---|---|---|
| 1 | 1 | | Java | 16.380% | +1.74% |
| 2 | 2 | | C | 14.000% | +7.00% |
| 3 | 3 | | C++ | 7.668% | +2.92% |
| 4 | 4 | | Python | 5.192% | +1.64% |
| 5 | 5 | | C# | 4.402% | +0.95% |
| 6 | 6 | | Visual Basic .NET | 4.124% | +0.73% |
| 7 | 9 | ^ | PHP | 3.321% | +0.63% |
| 8 | 7 | v | JavaScript | 2.923% | -0.15% |
| 9 | - | ^^ | SQL | 1.987% | +1.99% |
| 10 | 11 | ^ | Ruby | 1.182% | -1.25% |
| 11 | 14 | ^ | R | 1.180% | -1.01% |
| 12 | 18 | ^^ | Delphi/Object Pascal | 1.012% | -1.03% |
| 13 | 8 | vv | Assembly language | 0.998% | -1.86% |
| 14 | 16 | ^ | Go | 0.970% | -1.11% |
| 15 | 15 | | Objective-C | 0.939% | -1.16% |
| 16 | 17 | ^ | MATLAB | 0.929% | -1.13% |
| 17 | 12 | vv | Visual Basic | 0.915% | -1.43% |
| 18 | 10 | vv | Perl | 0.909% | -1.69% |
| 19 | 13 | vv | Swift | 0.907% | -1.37% |
| 20 | 31 | ^^ | Scala | 0.900% | +0.18% |

图 1.1　编程语言排行榜

中国互联网络信息中心（CNNIC）发布的第 41 次《中国互联网络发展状况统计报告》（截至 2017 年 12 月）表明，中国程序员擅长的语言多为 Java（41.4%）、JavaScript（38.6%）和 PHP（22.4%），Python（15.2%）、C 语言（14.3%）、C#（13.3%）和 C++（12.9%）等也是使用较多的计算机语言。

Java 语言的开放性、兼容性和扩展性使其在实际应用中的可塑性更强，因此 Java 仍然被大量企业所使用。无论是在桌面还是在移动端，Java 的优势依然明显。由此可见，虽然 Java 并不是第一个提供跨平台兼容能力的语言，但是 Java 已经成为最受欢迎的跨平台编程工具之一。

## 1.1 Java 语言的特点

1. 跨平台性

所谓跨平台性，是指软件可以不受计算机硬件和操作系统的约束而在任意计算机环境下正常运行。这是软件发展的趋势和编程人员追求的目标。之所以这样说，是因为计算机硬件的种类繁多，操作系统也各不相同，不同的用户和公司有自己不同的计算机环境偏好，而软件为了能在这些不同的环境里正常运行，就需要独立于这些平台。

而在Java 语言中，Java 自带的虚拟机很好地实现了跨平台性。Java 源程序代码经过编译后生成的二进制字节码是与平台无关的，是可被 Java 虚拟机识别的一种机器码指令。Java 虚拟机提供了一个字节码到底层硬件平台及操作系统的屏障，使得Java 语言具备跨平台性。

2. 面向对象

面向对象是指以对象为基本粒度，其下包含属性和方法。对象的说明用属性表达，而通过使用方法来操作这个对象。面向对象技术使得应用程序的开发变得简单，节省代码。Java 是一种面向对象的语言，也继承了面向对象的诸多好处，如代码扩展、代码复用等。

3. 安全性

安全性可以分为四个层面，即语言级安全性、编译时安全性、运行时安全性、可执行代码安全性。语言级安全性指 Java 的数据结构是完整的对象，这些封装过的数据类型具有安全性。编译时要进行 Java 语言和语义的检查，保证每个变量对应一个相应的值，编译后生成 Java 类。运行时 Java 类需要类加载器载入，并经由字节码校验器校验之后才可以运行。Java 类在网络上使用时，对它的权限进行了设置，保证了被访问用户的安全性。

4. 多线程

多线程在操作系统中已得到了最成功的应用。多线程是指允许一个应用程序同时存在两个或两个以上的线程，用于支持事务并发和多任务处理。Java 除了内置的多线程技术之外，还定义了一些类、方法等来建立和管理用户定义的多线程。

5. 简单易用

Java 源代码的书写不拘泥于特定的环境，可以用记事本、文本编辑器等编辑软件来实现，然后将源文件进行编译，编译通过后可直接运行，通过调试则可得到想要的结果。

## 1.2 Java 的版本

Java 是一种可以撰写跨平台应用软件的面向对象的程序设计语言，由当时任职于 SUN 公司的 James Gosling 等人于 20 世纪 90 年代初开发的，最初被命名为 Oak。随着互联网的兴起，SUN 看到了 Oak 在计算机网络上的广阔应用前景，于是改造了 Oak，于 1995 年 5 月 23 日正式将 Oak 改名为 Java，现已成为最重要的网络编程语言。

Java 之父 James Gosling 出生于加拿大，是一位计算机编程天才。在卡内基・梅隆大学攻读计算机博士学位时，他编写了多处理器版本的 UNIX 操作系统。1991 年，在 SUN 公司工作期间，James Gosling 和一群技术人员创建了一个名为 Oak 的项目，旨在开发运行于虚拟机的编程语言，同时允许程序在电视机机顶盒等多平台上运行。后来随着互联网的兴起，Oak 被改造并改名为 Java。2010 年甲骨文收购 SUN 后不久，James Gosling 宣布离职，并在 2011 年初加入谷歌，仅在加入谷歌数月后，James Gosling 就在博客上宣布离开谷歌，后加入一家名叫 Liquid Robotics 的初创公司，同时还是 TypeSafe 公司的顾问，致力于 Scala 开发。

2009 年 4 月 20 日，甲骨文以 74 亿美元的价格收购 SUN 公司，业界传闻说这对 Java 程序员是个坏消息。但甲骨文并没有像某些预言家那样强行破坏 Java 现有的行业和“游戏”规则，而是从法律的角度对某些知识产权点和规则点进行了有效保护。经历了这次易主，Java 程序员是幸运的，因为 Java 没有在这次的易主过程中被洗刷掉，更重要的是，Java 终于找到了一个最具实力的东家，这让 Java 后来的路越来越好走。

在收购 SUN 后，甲骨文在管理上受到了很多质疑，为此，甲骨文还列出了未来十年 Java 的发展线路图。甲骨文公司的 Mike Duigou 表示，Java 正在改变和不断发展，未来也会持续地改善。模块化 Java 已在 2016 年发布。

- 1995 年 5 月 23 日，Java 语言诞生。
- 1996 年 1 月，第一个 JDK——JDK1.0 诞生。
- 1996 年 4 月，10 个最主要的操作系统供应商声明将在其产品中嵌入 Java 技术。
- 1996 年 9 月，约 8.3 万个网页应用了 Java 技术来制作。
- 1997 年 2 月 18 日，JDK1.1 发布。
- 1997 年 4 月 2 日，JavaOne 会议召开，参与者逾一万人，创当时全球同类会议纪录。
- 1997 年 9 月，JavaDeveloperConnection 社区成员超过十万。
- 1998 年 2 月，JDK1.1 被下载超过 200 万次。
- 1998 年 12 月 8 日，Java 2 企业平台 J2EE 发布。
- 1999 年 6 月，SUN 公司发布 Java 的三个版本：标准版（J2SE）、企业版（J2EE）和微型版（J2ME）。
- 2000 年 5 月 8 日，JDK1.3 发布。
- 2000 年 5 月 29 日，JDK1.4 发布。
- 2001 年 6 月 5 日，Nokia 宣布到 2003 年将出售 1 亿部支持 Java 的手机。
- 2001 年 9 月 24 日，J2EE1.3 发布。
- 2002 年 2 月 26 日，J2SE1.4 发布，此后 Java 的计算能力有了大幅提升。
- 2004 年 9 月 30 日，J2SE1.5 发布，成为 Java 语言发展史上的又一个里程碑。为了表示该版本的重要性，J2SE1.5 更名为 Java SE 5.0。
- 2005 年 6 月，JavaOne 大会召开，SUN 公司公开 Java SE 6。此时，Java 的各种版本已经更名，以取消其中的数字“2”：J2EE 更名为 Java EE，J2SE 更名为 Java SE，J2ME 更名为 Java ME。
- 2006 年 12 月，SUN 公司发布 JRE6.0。
- 2009 年 12 月，SUN 公司发布 Java EE 6。
- 2010 年 11 月，由于甲骨文对 Java 社区的不友善，因此 Apache 扬言将退出 JCP。
- 2011 年 7 月 28 日，甲骨文发布 Java SE 7。
- 2014 年 3 月 18 日，甲骨文发布 Java SE 8。
- 2017 年 9 月 21 日，甲骨文发布 Java SE 9。

## 1.3 搭建 Java 开发环境

### 1.3.1 安装 JDK1.8

JDK 可以在http://www.oracle.com/technetwork/java/javase/downloads/index.html地址下载。JDK 下载后，双击安装文件，出现如图 1.2 所示的对话框。

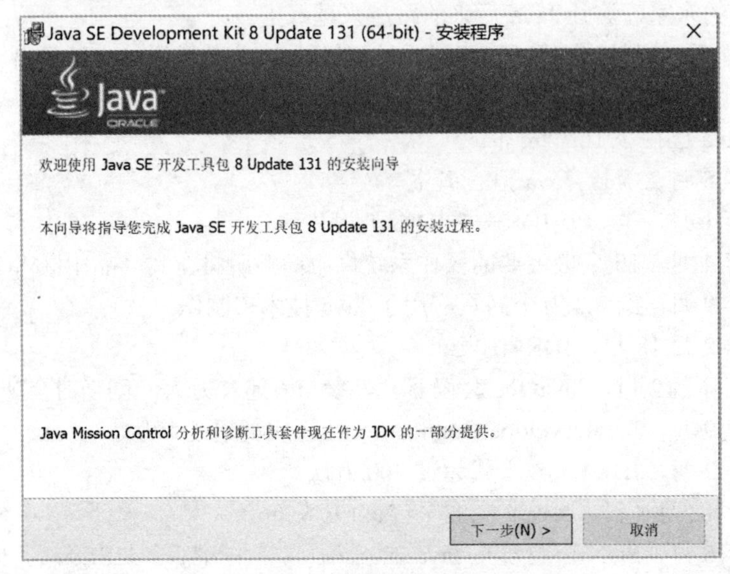


图 1.2 开始安装 JDK

单击“下一步”按钮，在出现的对话框中单击“更改”按钮可修改安装目录，这里可以选择要安装的功能模块（开发工具、源代码、公共 JRE），如图 1.3 所示。

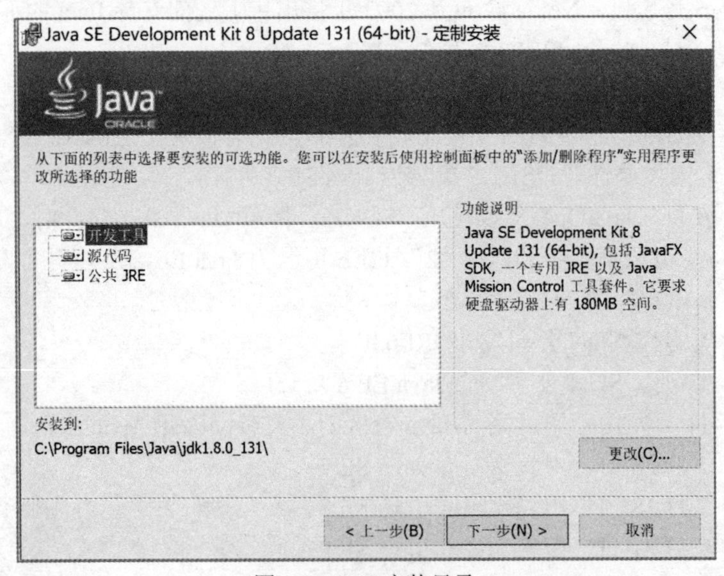


图 1.3 JDK 安装目录

单击“下一步”按钮，开始自动安装，安装成功的界面如图 1.4 所示。

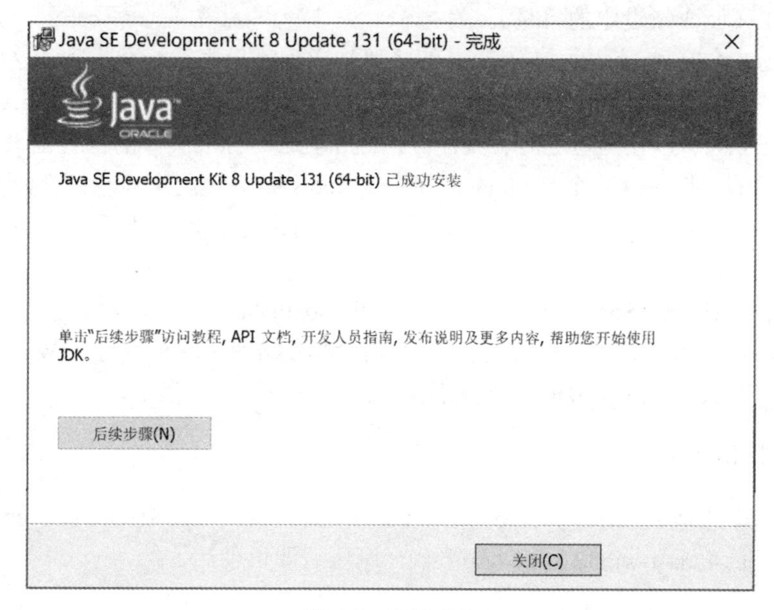


图 1.4　安装成功

### 1.3.2　配置环境变量

Windows 下 Java 用到的环境变量主要有 3 个：JAVA_HOME、PATH、CLASSPATH。

JAVA_HOME 指向的是 JDK 的安装路径，如 C:\Program Files\Java\jdk1.8.0_131，在这个路径下应该能够找到 bin、lib 等目录。

具体的设定方法：右击“我的电脑”并选择“属性”→“高级”→“环境变量”选项，修改“系统变量”文本框中的值。

```
JAVA_HOME= C:\Program Files\Java\jdk1.8.0_131
PATH= C:\Program Files\Java\jdk1.8.0_131\bin;C:\Program Files\Java\jdk1.8.0_131\jre\bin
```

或者

```
PATH= %JAVA_HOME%\bin; %JAVA_HOME%\jre\bin
```

%%引起来的内容是引用上一步设定好的环境变量。PATH 变量的含义就是让系统在任何路径下都可以识别 java、javac 等命令，其中 javac.exe 程序用于编译 Java 源代码，java.exe 程序用于执行后缀为 class 的代码。bin 目录下存放了各种包装好的工具，因此将此目录加入到 PATH 变量中便可以在命令行方式下让系统在任何路径下都可以识别这些工具所对应的命令。

```
CLASSPATH=.; %JAVA_HOME%\lib\dt.jar; %JAVA_HOME%\lib\tools.jar
```

或者

```
CLASSPATH=.; C:\Program Files\Java\jdk1.8.0_131\lib\dt.jar;
              C:\Program Files\Java\jdk1.8.0_131\lib\tools.jar
```

JDK1.5 之后不用再设置 CLASSPATH 了，但建议继续设置以保证向下兼容问题。

需要注意的是最前面的".;"，这表示当前目录，作用是告诉 JDK 在搜索 Class 时先查找当前目录的 Class 文件，这是由 Linux 的安全机制引起的，Linux 用户很容易明白，Windows 用户最后就很难理解了（因为 Windows 默认的搜索顺序是先搜索当前目录，再搜索系统目录，最后搜索 PATH 环境变量设定的目录）。

配置 CLASSPATH 变量才能使得 Java 解释器知道到哪里去找标准类库。这些标准类库是事先定义好的，可以直接使用，比如我们常用到java.lang包中的类，在配置 CLASSPATH 变量后被设为默认导入，所以在写程序时就不用导入这个包了。标准类库的位置在 JDK 的 lib 目录下以 jar 为后缀的文件中：一个是 dt.jar，一个是 tools.jar，这两个 jar 包都位于 C:\Program Files\Java\jdk1.8.0_131\lib 目录下，所以通常我们都会把这两个 jar 包加到 CLASSPATH 环境变量的值中。

命令行查看 Java CLASSPATH 设置：echo %classpath%。

配置好以后，单击"开始"→"运行"命令，键入 cmd 并回车，进入 Windows 命令行，分别运行 java、javac、java -version。如果没有报错，表示 jdk 安装成功。

### 1.3.3 安装 Eclipse

Eclipse 可以到地址http://www.eclipse.org/downloads/packages/technologyeppdownloadsreleaselunareclipse-jee-luna-r-win32-x8664zip下载，解压后即可使用。

## 1.4 Eclipse 运行第一个 Java 程序

步骤 1：创建工程。

启动 Eclipse，将 WorkSpace 切换到 D:\book_workspace 文件夹。在菜单中选择 File→New→Java project，在弹出的对话框中填写好 project name（如 JavaBook），单击 Finish 按钮完成 Java Project 创建。可以看到在 D:\book_workspace 目录下多出了一个 JavaBook 文件夹。

**提示：**D:\book_workspace 是事先创建好的存放 Java 工程的目录。

步骤 2：创建包。

右击 src 并选择 New→Package 选项，如图 1.5 所示，在出现的对话框中填写包名（如 chapter1.e01，建议包名中的字母用小写），单击 Finish 按钮完成包的创建。

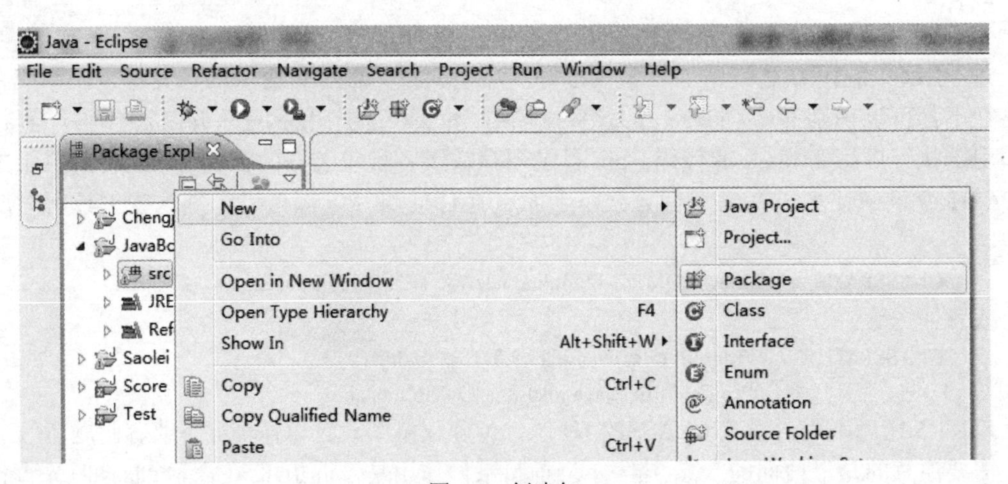


图 1.5 创建包

步骤 3：创建类。

在菜单中选择 File→New→Class，如图 1.6 所示，弹出新建类对话框，如图 1.7 所示。

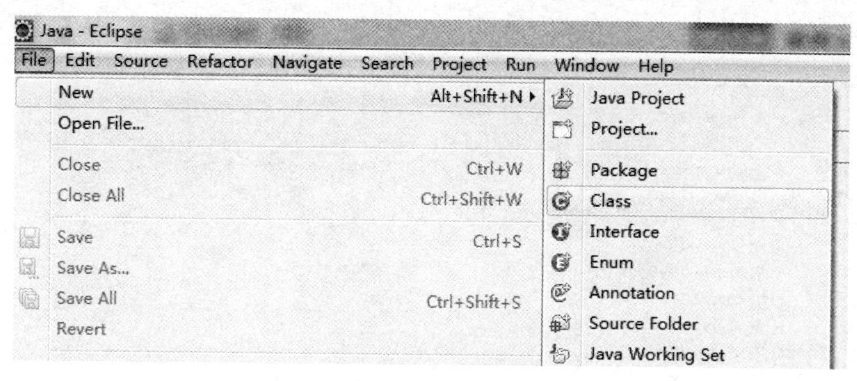


图 1.6　创建类

New Java Class
Java Class
Create a new Java class.
Source folder: book_src/src Browse...
Package: chapter1.e01 Browse...
Enclosing type: Browse...
Name: HelloWorld
Modifiers: public default private protected
abstract final static
Superclass: java.lang.Object Browse...
Interfaces: Add... Remove
Which method stubs would you like to create?
public static void main(String[] args)
Constructors from superclass
Inherited abstract methods
Do you want to add comments? (Configure templates and default value here)
Generate comments
Finish Cancel

图 1.7　新建类对话框

在其中输入类名（如 HelloWorld，建议类名中每个单词的第一个字母要大写），并勾选 public static void main(String[] args)复选框，单击 Finish 按钮完成类的创建，如图 1.8 所示。

将下面的代码输入到源文件中，注意 Java 是区分大小写的。

```
System.out.println("Hello 面向对象程序设计");
```

**提示：**System.out.println()可以用下面的方式快捷输入：输入 syso，然后使用快捷方式 Alt+/。

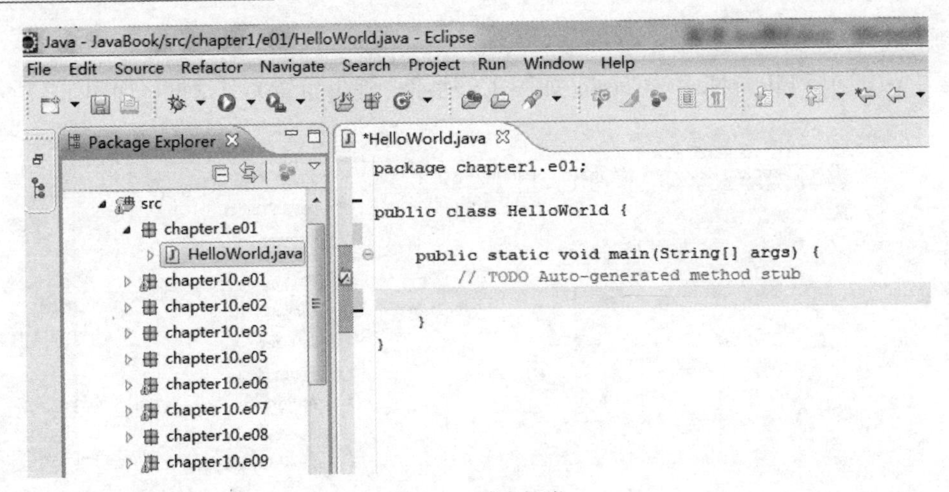


图 1.8 新建的类

单击 Source→Format 命令或者按 Ctrl+Shift+F 组合键可将代码自动对齐。

输入后的程序如图 1.9 所示。

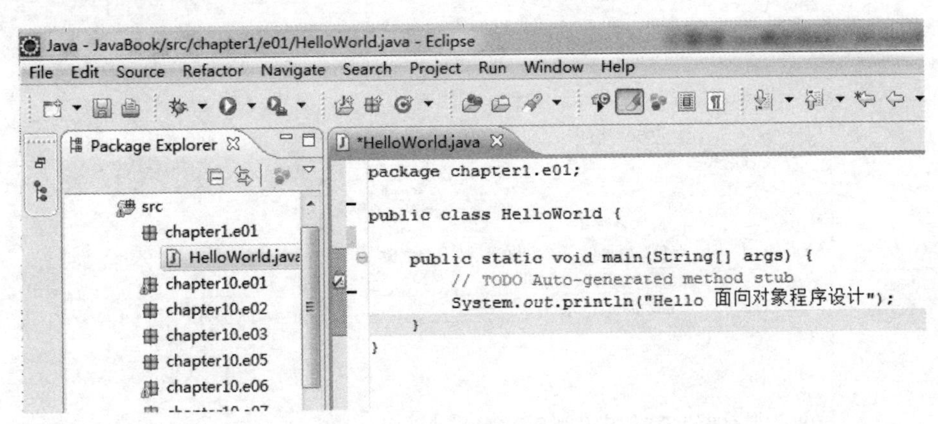


图 1.9 程序代码

步骤 4：运行。

方式 1：右击类 HelloWorld，然后选择 Run As→Java Application 选项。

方式 2：在菜单中选择 Run→Run。

方式 3：单击“运行”按钮，选择 1 HelloWorld。

程序运行后，在控制台窗口中输出如下内容：

Hello 面向对象程序设计

方式 4：在命令行窗口中编译运行。

编译 Java 程序：javac HelloWorld.java

运行 Java 程序：java HelloWorld

至此，已经成功编写并运行了第一个 Java 程序。

打开 D:\book_workspace\JavaBook\bin\chapter1\e01 目录，出现了一个 HelloWorld.class 文件，这就是编译生成的字节码。与 C、C++不同，Java 编译的结果不是可执行文件，而是字节码文件。字节码文件不能直接运行，必须由 JVM 翻译成机器码才能运行，这也是运行 Java 程序必须安装 JVM 的原因。

## 1.5　HelloWorld 程序分析

public class HelloWorld 定义了一个类。该类是 public（公共）类型的，类名为 HelloWorld。另外，Java 中 public 类名应该和要保存的 Java 文件名相同。也就是说，这里定义的类名是 HelloWorld，则文件应该保存为 HelloWorld.java。

public static void main(String[] args)是 Java 中的主运行方法，它和 C/C++中的 main()作用是一样的，就是所有的程序都从 main()中开始执行。要执行 Java 程序，必须有一个包括主运行方法的类。

System.out.println("Hello 面向对象程序设计")用来将字符串“Hello 面向对象程序设计”输出到控制台窗口中。

## 1.6　习题

**一、判断题**

1．Java 可以运行在 Windows 和 Linux 等不同平台上。

2．exe 类型的文件可以在 Java 虚拟机中运行。

3．在安装 JDK 的过程中，有三个功能模块可供选择，它们分别是开发工具、源代码和 JRE。

**二、填空题**

1．Javac 命令可以将.java 源文件编译为__________文件。

2．Java 是一种面向__________的程序设计语言。

3．可以在 Java 虚拟机中运行的文件后缀是__________。

4．环境变量__________可以让虚拟机找到 class 文件的目录。

**三、思考题**

简述 JVM 的作用。

# 第 2 章　Java 语言基础

本章主要介绍 Java 基础知识，包括标识符和关键字、代码注释、数据类型、常量和变量、运算符与表达式、控制语句、方法和方法重载等。

## 2.1　标识符

所谓标识符，是指程序员在定义 Java 程序时自定义的一些名字。标识符可以应用在类名、变量名、函数名、包名上。

### 2.1.1　标识符命名规则

遵循以下规则的标识符被视为 Java 语言的合法标识符：

（1）包含的字符：26 个英文字符大小写（a～z，A～Z）、数字（0～9）、下划线（_）和美元符号（$）。

（2）不以数字开头。

（3）不是关键字。

（4）严格区分大小写。

（5）可以为任意长度。

合法标识符：

myName，My_name，Points，$points,_sys_ta，OK，_23b，_3_

非法标识符：

#name，25name，class，&time，if

### 2.1.2　标识符命名规范

下面给出 Java 中的各类标识符命名规范。

（1）包（Package）的命名。

Package 的名字应该采用完整的英文描述符，通常是由一个单词或多个单词的小写字母构成，并且包名的前缀总是一个顶级域名，通常是 com、edu、gov、mil、net、org 等，如 package cn.edu.buu.www。

（2）类（Class）的命名。

类名称由一个单词组成时首字母大写，由多个单词组成时所有单词的首字母大写（例如 HelloWorld）。

（3）接口（Interface）的命名。

基本与 Class 的命名规范类似。在满足 Class 命名规则的基础之上，保证开头第一个字母为“I”，以便于与普通的 Class 区别开。其实现类名称取接口名的第二个字母到最后，且满足类名的命名规范，如 IMenuEngine。

（4）枚举（Enum）的命名。

基本与 Class 的命名规范类似。在满足 Class 命名规则的基础之上，保证开头第一个字母为“E”，以便于与普通的 Class 区别开，如 EUserRole。

（5）异常（Exception）的命名。

异常通常采用字母 e 表示，对于自定义的异常类，其后缀必须为 Exception，如 Business Exception。

（6）方法（Method）的命名。

方法名是一个动词，采用大小写混合的方式，第一个单词的首字母小写，其后单词的首字母大写。方法名尽可能地描述出该方法的动作行为。若返回类型为 Boolean 值，则命名一般由 is 或 has 来开头，如 getCurrentUser()、addUser()、hasAuthority()。

（7）参数（Param）的命名。

第一个单词的首字母小写，其后单词的首字母大写。参数名不允许以下划线或美元符号开头。

（8）常量字段（Constant）的命名。

静态常量字段（static final）全部采用大写字母，多个单词组成时多个单词之间使用“_”分隔，例如 public static final Long NUMBER 和 public static final AVERAGE_TIME。

**注意：**命名规范的作用只是为了增加规范性、可读性而做的一种约定，实际应用中，在命名标识符时最好见名知义，提高代码可读性。

### 2.1.3　Java 语言中的关键字

Java 关键字是 Java 语言里事先定义且有特别意义的标识符，有时又叫保留字。Java 的关键字对 Java 的编译器有特殊的意义，它们用来表示一种数据类型或者表示程序的结构等，关键字不能用作变量名、方法名、类名、包名和参数。Java 中的关键字以及部分关键字的含义如表 2.1 和表 2.2 所示。

表 2.1　Java 语言中的关键字

| | | | | |
|---|---|---|---|---|
| abstract | assert | boolean | break | byte |
| case | catch | char | class | const |
| continue | default | do | double | else |
| enum | extends | final | finally | float |
| for | goto | if | implements | import |
| instanceof | int | interface | long | native |
| new | package | private | protected | public |
| return | strictfp | short | static | super |
| switch | synchronized | this | throw | throws |
| transient | try | void | volatile | while |

表 2.2　部分关键字的含义

| 关键字 | 含义 |
|---|---|
| abstract | 表明类或者成员方法具有抽象属性 |
| assert | 用来进行程序调试 |
| boolean | 基本数据类型之一，布尔类型 |
| break | 提前跳出一个块 |
| byte | 基本数据类型之一，字节类型 |
| case | 用在 switch 语句之中，表示其中的一个分支 |
| catch | 用在异常处理中，用来捕获异常 |
| char | 基本数据类型之一，字符类型 |
| class | 类 |
| const | 保留关键字，没有具体含义 |
| continue | 回到一个块的开始处 |
| default | 默认，例如用在 switch 语句中，表明一个默认的分支 |
| do | 用在 do…while 循环结构中 |
| double | 基本数据类型之一，双精度浮点数类型 |
| else | 用在条件语句中，表明当条件不成立时的分支 |
| enum | 枚举 |
| extends | 表明一个类型是另一个类型的子类型，这里常见的类型有类和接口 |
| final | 用来说明最终属性，表明一个类不能派生出子类，或者成员方法不能被覆盖，或者成员域的值不能被改变，用来定义常量 |
| finally | 用于处理异常情况，用来声明一个基本肯定会被执行到的语句块 |
| float | 基本数据类型之一，单精度浮点数类型 |
| for | 一种循环结构的引导词 |
| goto | 保留关键字，没有具体含义 |
| if | 条件语句的引导词 |
| implements | 表明一个类实现了给定的接口 |
| import | 表明要访问指定的类或包 |
| instanceof | 用来测试一个对象是否是指定类型的实例对象 |
| int | 基本数据类型之一，整数类型 |
| interface | 接口 |
| long | 基本数据类型之一，长整数类型 |
| native | 用来声明一个方法是由与计算机相关的语言（如 C/C++/FORTRAN 语言）实现的 |
| new | 用来创建新实例对象 |

续表

| 关键字 | 含义 |
| --- | --- |
| package | 包 |
| private | 一种访问控制方式：私用模式 |
| protected | 一种访问控制方式：保护模式 |
| public | 一种访问控制方式：共用模式 |
| return | 从成员方法中返回数据 |
| short | 基本数据类型之一，短整数类型 |
| static | 表明具有静态属性 |
| strictfp | 用来声明 FP_strict（单精度或双精度浮点数）表达式遵循IEEE 754算术规范[1] |
| super | 表明当前对象的父类型的引用或者父类型的构造方法 |
| switch | 分支语句结构的引导词 |
| synchronized | 表明一段代码需要同步执行 |
| this | 指向当前实例对象的引用 |
| throw | 抛出一个异常 |
| throws | 声明在当前定义的成员方法中所有需要抛出的异常 |
| transient | 声明不用序列化的成员域 |
| try | 尝试一个可能抛出异常的程序块 |
| void | 声明当前成员方法没有返回值 |
| volatile | 表明两个或者多个变量必须同步地发生变化 |
| while | 用在循环结构中 |

## 2.2　代码注释

应用编码规范对于软件本身和软件开发人员而言尤为重要，有以下几个原因：

（1）好的编码规范可以尽可能地降低一个软件的维护成本，并且几乎没有任何一个软件，在其整个生命周期中，均由最初的开发人员来维护。

（2）好的编码规范可以改善软件的可读性，可以让开发人员尽快而彻底地理解新的代码。

（3）好的编码规范可以最大限度地提高团队开发的合作效率。

（4）长期的规范性编码还可以让开发人员养成好的编码习惯，甚至锻炼出更加严谨的思维。

代码注释是程序设计者与程序阅读者之间的通信桥梁，可最大限度地提高团队开发合作效率，也是程序代码可维护性的重要环节。

注释不是为写注释而写注释，代码注释的基本规范如下：

（1）注释形式统一。

在整个应用程序中，使用具有一致的标点和结构的样式来构造注释。如果在其他项目中发现它们的注释规范与这份文档不同，按照这份规范写代码，不要试图在既成的规范系统中引入新的规范。

（2）注释内容准确简洁。

内容要简单明了、含义准确，防止注释的多义性，错误的注释不但无益而且有害。

### 2.2.1 代码注释条件

（1）基本必加注释。

- 类（接口）
- 构造函数
- 方法
- 全局变量
- 字段/属性

备注：简单代码的注释内容不大于 10 个字即可。

（2）特殊必加注释。

- 典型算法
- 代码不明晰处
- 代码修改处
- 代码循环和逻辑分支组成的代码处
- 为他人提供的接口

### 2.2.2 代码注释格式

Java 提供了以下 3 种注释方法：

（1）单行注释：//......

（2）块注释：/*......*/

（3）文档注释：/**......*/，与第二种方式相似，这种格式是为了便于 javadoc 程序自动生成文档。

- javadoc 针对 public 类生成注释文档。
- javadoc 只能在 public、protected 修饰的方法或者属性之上。
- javadoc 注释的格式化：前导*号和 HTML 标签。
- javadoc 注释要仅靠在类、属性、方法之前。

javadoc 常用的标记如表 2.3 所示。

表 2.3 javadoc 中的常用标记

| javadoc 标记 | 解释 |
|---|---|
| @version | 对类的说明，表明该类模块的版本 |
| @since | 指定最早出现在哪个版本 |
| @author | 对类的说明，表明开发该类模块的作者 |
| @see | 对类、属性、方法的说明<br>生成参考其他的 javadoc 文档的链接，也就是相关主题 |

续表

| javadoc 标记 | 解释 |
| --- | --- |
| @link | 生成参考其他的 javadoc 文档，它和@see 标记的区别在于，@link 标记能够嵌入到注释语句中，为注释语句中的特殊词汇生成链接，例如{@link Hello} |
| @deprecated | 用来注明被注释的类、变量或方法已经不提倡使用，在将来的版本中有可能被废弃 |
| @param | 描述方法的参数，是对方法的说明，是对方法中某参数的说明 |
| @return | 描述方法的返回值，是对方法返回值的说明 |
| @throws | 描述方法抛出的异常，指明抛出异常的条件 |
| @exception | 对方法的说明，对方法可能抛出的异常进行说明 |

用 javadoc 命令就可以生成帮助文档，javadoc 命令的使用方式如下：

javadoc -d 文档存放目录-author -version 源文件名.java

“源文件名.java”是需要生成帮助文档的 Java 源文件，并将生成的文档存放在“文档存放目录”指定的目录下。生成的文档中 index.html 就是文档的首页，-author 和-version 两个选项可以省略。

生成后的帮助文档内容如图 2.1 所示，单击 index.html 就可以查看帮助文档。

book_workspace › book_src › doc

| 名称 | 修改日期 | 类型 | 大小 |
| --- | --- | --- | --- |
| chapter1 | 2018/1/23 17:12 | 文件夹 | |
| allclasses-frame.html | 2018/1/23 17:20 | HTML 文件 | 1 KB |
| allclasses-noframe.html | 2018/1/23 17:20 | HTML 文件 | 1 KB |
| constant-values.html | 2018/1/23 17:20 | HTML 文件 | 4 KB |
| deprecated-list.html | 2018/1/23 17:20 | HTML 文件 | 4 KB |
| help-doc.html | 2018/1/23 17:20 | HTML 文件 | 7 KB |
| index.html | 2018/1/23 17:20 | HTML 文件 | 3 KB |
| index-all.html | 2018/1/23 17:20 | HTML 文件 | 5 KB |
| overview-tree.html | 2018/1/23 17:20 | HTML 文件 | 4 KB |
| package-list | 2018/1/23 17:20 | 文件 | 1 KB |
| script.js | 2018/1/23 17:20 | JavaScript 文件 | 1 KB |
| stylesheet.css | 2018/1/23 17:12 | 层叠样式表文档 | 14 KB |

图 2.1　生成后的帮助文档内容

## 2.3　基本数据类型

Java 是双类型的开发语言，双类型即基本数据类型和引用类型。

Java 中有 8 种预定义的基本数据类型，它们的名字都是保留的关键字。每一个基本类型都有一个对应的对象包装类，比如 int 的包装类是 Integer，double 的包装类是 Double，boolean 的包装类是 Boolean。

自从 1996 年 Java 发布以来，基本数据类型就是 Java 语言的一部分。基本类型基于值，引用类型指向一个对象，指向对象的变量是引用变量。基本数据类型在内存使用和运行性能方面有着较大的优势[2]。

### 2.3.1 8 种基本数据类型

表 2.4 8 种基本数据类型

| 类型 | 位数 | 数据范围 | 默认值 |
|---|---|---|---|
| boolean | 1 | true 和 false 两个值 | false |
| byte | 8 | 最大存储数据量是 255，数据范围是-128～127 | 0 |
| char | 16 | 存储 Unicode 码，用单引号赋值 | |
| short | 16 | 最大数据存储量是 65536，数据范围是-32768～32767 | 0 |
| int | 32 | 最大数据存储容量是 $2^{32}$-1，数据范围是-$2^{31}$～$2^{31}$-1 | 0 |
| long | 64 | 最大数据存储容量是 $2^{64}$-1，数据范围为-$2^{63}$～$2^{63}$-1 | 0L |
| float | 32 | 数据范围为 3.4e-45～1.4e38，赋值时必须在数字后加上 f 或 F | 0.0f |
| double | 64 | 数据范围为 4.9e-324～1.8e308，赋值时可以加 d 或 D 也可以不加 | 0.0d |

表 2.4 所示的 8 种基本类型可以分为 3 类：字符类型（char）、布尔类型（boolean）和数值类型（byte、short、int、long、float、double）。数值类型又可以分为整数类型（byte、short、int、long）和浮点数类型（float、double）。Java 中的数值类型不存在无符号的，它们的取值范围是固定的，不会随着机器硬件环境或者操作系统的改变而改变。

Java 基本类型存储在栈中，它们的存取速度要快于存储在堆中的对应包装类的实例对象。内存管理系统根据数据的类型为数据分配存储空间，分配的空间只能用来存储该类型数据。

对于数值类型的基本类型的取值范围，请看下面的例子。

**例 2.1** 获取基本数据类型的取值范围。

```
public class PrimitiveTypeTest {
    public static void main(String[] args) {
        // TODO Auto-generated method stub
        // byte
        System.out.println("基本类型：byte 二进制位数：" + Byte.SIZE);
        System.out.println("包装类：java.lang.Byte");
        System.out.println("最小值：Byte.MIN_VALUE=" + Byte.MIN_VALUE);
        System.out.println("最大值：Byte.MAX_VALUE=" + Byte.MAX_VALUE);
        System.out.println();
        // short
        System.out.println("基本类型：short 二进制位数：" + Short.SIZE);
        System.out.println("包装类：java.lang.Short");
        System.out.println("最小值：Short.MIN_VALUE=" + Short.MIN_VALUE);
        System.out.println("最大值：Short.MAX_VALUE=" + Short.MAX_VALUE);
        System.out.println();
        // int
        System.out.println("基本类型：int 二进制位数：" + Integer.SIZE);
        System.out.println("包装类：java.lang.Integer");
        System.out.println("最小值：Integer.MIN_VALUE=" + Integer.MIN_VALUE);
        System.out.println("最大值：Integer.MAX_VALUE=" + Integer.MAX_VALUE);
```

```
            System.out.println();
            // long
            System.out.println("基本类型：long 二进制位数：" + Long.SIZE);
            System.out.println("包装类：java.lang.Long");
            System.out.println("最小值：Long.MIN_VALUE=" + Long.MIN_VALUE);
            System.out.println("最大值：Long.MAX_VALUE=" + Long.MAX_VALUE);
            System.out.println();
            // float
            System.out.println("基本类型：float 二进制位数：" + Float.SIZE);
            System.out.println("包装类：java.lang.Float");
            System.out.println("最小值：Float.MIN_VALUE=" + Float.MIN_VALUE);
            System.out.println("最大值：Float.MAX_VALUE=" + Float.MAX_VALUE);
            System.out.println();
            // double
            System.out.println("基本类型：double 二进制位数：" + Double.SIZE);
            System.out.println("包装类：java.lang.Double");
            System.out.println("最小值：Double.MIN_VALUE=" + Double.MIN_VALUE);
            System.out.println("最大值：Double.MAX_VALUE=" + Double.MAX_VALUE);
            System.out.println();
            // char
            System.out.println("基本类型：char 二进制位数：" + Character.SIZE);
            System.out.println("包装类：java.lang.Character");
            // 以数值形式而不是字符形式将 Character.MIN_VALUE 输出到控制台
            System.out.println("最小值：Character.MIN_VALUE="
                    + (int) Character.MIN_VALUE);
            // 以数值形式而不是字符形式将 Character.MAX_VALUE 输出到控制台
            System.out.println("最大值：Character.MAX_VALUE="
                    + (int) Character.MAX_VALUE);
        }
    }
```

运行结果如下：

```
基本类型：byte 二进制位数：8
包装类：java.lang.Byte
最小值：Byte.MIN_VALUE=-128
最大值：Byte.MAX_VALUE=127

基本类型：short 二进制位数：16
包装类：java.lang.Short
最小值：Short.MIN_VALUE=-32768
最大值：Short.MAX_VALUE=32767

基本类型：int 二进制位数：32
包装类：java.lang.Integer
最小值：Integer.MIN_VALUE=-2147483648
最大值：Integer.MAX_VALUE=2147483647
```

```
基本类型：long 二进制位数：64
包装类：java.lang.Long
最小值：Long.MIN_VALUE=-9223372036854775808
最大值：Long.MAX_VALUE=9223372036854775807

基本类型：float 二进制位数：32
包装类：java.lang.Float
最小值：Float.MIN_VALUE=1.4E-45
最大值：Float.MAX_VALUE=3.4028235E38

基本类型：double 二进制位数：64
包装类：java.lang.Double
最小值：Double.MIN_VALUE=4.9E-324
最大值：Double.MAX_VALUE=1.7976931348623157E308

基本类型：char 二进制位数：16
包装类：java.lang.Character
最小值：Character.MIN_VALUE=0
最大值：Character.MAX_VALUE=65535
```

byte、int、long 和 short 都可以用十进制、八进制和十六进制的方式来表示，当使用常量的时候，前缀 0 表示八进制，而前缀 0x 表示十六进制，例如：

```
int decimal = 100;
int octal = 0144;
int hexa = 0x64;
```

由于 Java 语言是一种强类型的语言，因此变量在使用前必须先声明。在程序中声明变量的语法格式如下：

```
数据类型 变量名称;
```

例如：int　x;

数据类型可以是 Java 语言中任意的类型，包括前面介绍到的 8 种基本数据类型以及后续将要介绍的引用类型。变量名称是该变量的标识符，需要符合标识符的命名规则，在实际使用中，该名称一般和变量的用途对应，这样便于程序的阅读。数据类型和变量名称之间使用空格进行间隔，空格的个数不限，但是至少需要一个。语句使用“;”作为结束，也可以在声明变量的同时设定该变量的值，语法格式如下：

```
数据类型 变量名称 = 值;
```

例如：int x = 10;

在该语法格式中，前面的语法和上面介绍的内容一致，后续的“=”代表赋值，其中的“值”代表具体的数据，要注意区别于“= =”，“= =”代表判断是否相等。在该语法格式中，要求值的类型要和声明变量的数据类型一致。

程序中变量的值代表程序的状态，在程序中可以通过变量名称来引用变量中存储的值，也可以为变量重新赋值。例如：

```
int n = 5;
n = 10;
```

### 2.3.2 Java 中的常量

常量可以理解成一种特殊的变量。它的值被设定后，在程序运行过程中不允许被改变。在 Java 编码规范中，要求常量名必须大写。

常量采用 final 关键字来修饰，声明方式和变量类似：

```
final 数据类型 常量名 = 值;
```

例如：

```
final double PI = 3.14;
final char MALE='M',FEMALE='F';
```

常量也可以先声明，然后再进行赋值，但是只能赋值一次，示例如下：

```
final int UP;
UP = 1;
```

虽然常量名也可以用小写，但为了便于识别，通常常量名全部使用大写字母表示。

常量在程序运行过程中主要有以下两个作用：

- 代表常数，便于程序的修改（例如圆周率的值）。
- 增强程序的可读性（例如常量 UP、DOWN、LEFT 和 RIGHT 分别代表上下左右，其数值分别是 1、2、3 和 4）。

字符串常量是一种特殊的常量，是包含在两个引号之间的字符序列。JVM 为了减少字符串对象的重复创建，它维护了一个特殊的内存，这段内存被称为字符串常量池或者字符串字面量池。如：

```
"Hello World"
"two\nlines"
"\"This is in quotes\""
```

String str = "droid"是用一个字符串常量"droid"给字符串对象 str 赋值，这种方式也叫字面量形式创建字符串对象。当代码中出现字面量形式创建字符串对象时，JVM 首先会对这个字面量进行检查，如果字符串常量池中存在相同内容的字符串对象的引用，则将这个引用返回，否则新的字符串对象被创建，然后将这个引用放入字符串常量池并返回该引用。

举例如下：

```
String str1 = "droid";
```

上述一行代码执行时，JVM 会首先检测字面量"droid"，这里我们认为没有内容为 droid 的对象存在。JVM 通过字符串常量池查找不到内容为 droid 的字符串对象存在，因此会创建这个字符串对象，然后将刚创建的对象的引用放入到字符串常量池中，并且将引用返回给变量 str1。

接下来一行代码是：

```
String str2 = "droid";
```

同样 JVM 还是要检测这个字面量，JVM 通过查找字符串常量池发现内容为"droid"字符串对象存在，于是将已经存在的字符串对象的引用返回给变量 str2。注意这里不会重新创建新的字符串对象。

```
System.out.println(str1 == str2);
```

可以通过上述代码验证 str1 和 str2 是否指向同一对象，如果结果为 true，则说明指向同一对象，否则指向两个不同的对象。

字符串常量和字符常量都可以包含任何 Unicode 字符。例如：

```
char a = '\u0001';
String a = "\u0001";
```

例 2.2　字符与 Unicode 互转。

```
public class UnicodeTest {
    public static void main(String[] args) {
        // TODO Auto-generated method stub
        String str = "网址：www.edu.cn";
        System.out.println("decodeUnicode:" + decodeUnicode(unicode(str)));
        }
    }
    private static String decodeUnicode(String unicode) {
        // TODO Auto-generated method stub
        StringBuffer sb = new StringBuffer();
        String[] hex = unicode.split("\\\\u");
        for (int i = 1; i < hex.length; i++) {
            int data = Integer.parseInt(hex[i], 16);
            sb.append((char) data);
        }
        return sb.toString();
    }
    public static String unicode(String source) {
        StringBuffer sb = new StringBuffer();
        char[] source_char = source.toCharArray();
        String unicode = null;
        for (int i = 0; i < source_char.length; i++) {
            unicode = Integer.toHexString(source_char[i]);
            if (unicode.length() <= 2) {
                unicode = "00" + unicode;
            }
            sb.append("\\u" + unicode);
        }
        System.out.println(sb);
        return sb.toString();
        }
}
```

运行结果如下：

```
\u7f51\u5740\uff1a\u0077\u0077\u0077\u002e\u0065\u0064\u0075\u002e\u0063\u006e
decodeUnicode:网址：www.edu.cn
```

### 2.3.3　转义字符

Java 语言支持一些特殊的转义字符序列。

转义字符对应的英文是 Escape Character，转义字符串是 Escape Sequence。字母前面加上“\”来表示常见的那些不能显示的 ASCII 字符，称为转义字符，如\0、\t、\n 等就称为转义字符，因为后面的字符都不是它本来的 ASCII 字符意思了。Java 中的转义字符如表 2.5 所示。

表 2.5　转义字符

| 符号 | 字符含义 |
|---|---|
| \a | 响铃（BEL） |
| \n | 换行（LF），将当前位置移到下一行开头 |
| \r | 回车（CR），将当前位置移到本行开头 |
| \f | 换页符（FF），将当前位置移到下页开头 |
| \b | 退格（BS），将当前位置移到前一列 |
| \0 | 空字符（0x20） |
| \s | 字符串 |
| \t | 水平制表（HT）（跳到下一个 Tab 位置） |
| \v | 垂直制表（VT） |
| \" | 双引号 |
| \' | 单引号 |
| \\ | 反斜杠 |
| \ddd | 1～3 位八进制数所代表的任意字符 |
| \xhh | 1～2 位十六进制所代表的任意字符 |
| \uxxxx | 十六进制 Unicode 字符（xxxx） |

下面通过一个例子来说明转义字符的使用。

**例 2.3**　转义字符的使用。

```
package chapter2.e03;
public class EscapeTest {
    public static void main(String[] args) {
        // TODO Auto-generated method stub
        // 用“.”作分隔符
        System.out.println("用“.”作分隔符");
        String[] str1 = "a.b".split("\\.");
        for (int i = 0; i < str1.length; i++) {
            System.out.println("str[" + i + "]=" + str1[i]);
        }
        // 用“|”作分隔符
        System.out.println("用“|”作分隔符");
        String[] str2 = "aa|bb".split("\\|");
        for (int i = 0; i < str2.length; i++) {
            System.out.println("str[" + i + "]=" + str2[i]);
        }
        // 用“*”作分隔符
        System.out.println("用“*”作分隔符");
        String[] str3 = "aaa*bbb*ccc".split("\\*");
        for (int i = 0; i < str3.length; i++) {
```

```
                System.out.println("str3[" + i + "]=" + str3[i]);
            }
            // 用“\”作分隔符
            // "aaa\bbb\ccc" 的分隔方法
            // "aaa\bbb\ccc" 的正确表示方法是"aaaa\\bbbb\\cccc"
            System.out.println("用“\”作分隔符");
            String[] str4 = "aaaa\\bbbb\\cccc".split("\\\\");
            for (int i = 0; i < str4.length; i++) {
                System.out.println("str4[" + i + "]=" + str4[i]);
            }
            // 多个分隔符
            System.out.println("多个分隔符");
            String[] str5 = "acount=? and uu =? or n=?".split("and|or");
            for (int i = 0; i < str5.length; i++) {
                System.out.println("str5[" + i + "]=" + str5[i]);
            }
        }
    }
```

运行结果如下：

```
用“.”作分隔符
str[0]=a
str[1]=b
用“|”作分隔符
str[0]=aa
str[1]=bb
用“*”作分隔符
str3[0]=aaa
str3[1]=bbb
str3[2]=ccc
用“\”作分隔符
str4[0]=aaaa
str4[1]=bbbb
str4[2]=cccc
多个分隔符
str5[0]=acount=?
str5[1]= uu =?
str5[2]= n=?
```

## 2.4 运算符

Java 提供了一套丰富的运算符来操纵变量。运算符分为以下几类：

- 算术运算符
- 关系运算符
- 位运算符
- 逻辑运算符

- 赋值运算符
- 其他运算符

### 2.4.1 算术运算符

算术运算符主要用于进行基本的算术运算，如加法、减法、乘法、除法等，如表 2.6 所示。算术运算符的操作数必须是数值类型。

表 2.6 算术运算符

| 运算符 | 说明 |
| --- | --- |
| + | 加法：相加运算符两侧的值 |
| - | 减法：左操作数减去右操作数 |
| * | 乘法：相乘操作符两侧的值 |
| / | 除法：左操作数除以右操作数 |
| % | 求余或取模：左操作数除以右操作数的余数 |
| ++ | 自增：操作数的值增加 1 |
| -- | 自减：操作数的值减少 1 |

算术运算符可分为一元运算符和二元运算符。一元运算符只有一个操作数；二元运算符有两个操作数，运算符在两个操作数之间。

一元运算符：正（+）、负（-）、自加（++）、自减（--）。

二元运算符：加（+）、减（-）、乘（*）、除（/）、求余（%）。

自增（++）和自减（--）运算符只能用于操作变量，不能直接用于操作数值或常量。++ 和--可以用于数值变量之前或之后，区别在于：++和--用于数值变量之前，在赋值操作中，对操作变量值先加 1 或者先减 1，然后再进行其他的操作；++和--用于数值变量之后，在赋值操作中，先对操作变量值进行其他的操作，然后再对其值加 1 或者减 1。

二元运算符中，+、-、*和/完成加减乘除四则运算，%是求两个操作数相除后的余数。运算规则和数学运算基本相同，在算术运算中，计算时按照从左向右的顺序计算，乘除和求余优先于加减，不同的是，程序中的乘运算符不可省略。

当二元运算的两个操作数的数据类型不同时，运算结果的数据类型和参与运算的操作数的数据类型中精度较高（或位数较长）的数据类型一致。

（1）数值计算中的语法现象——“晋升”，即 byte、short 和 char（低于 int 的数据类型）进行算术运算后，结果会自动提升成 int 类型。

（2）两个 char 型运算时，自动转换为 int 型；当 char 与别的类型运算时，也会先自动转换为 int 型的，再进行其他类型的自动转换。

（3）算术运算可以加入小括号“( )”提高优先级，优先小括号内的运算，再执行其他运算符运算。

（4）算术运算前操作数变量必须赋值，反之报语法错误。

**例 2.4** 算术运算符的使用。

```
package chapter2.e04;
public class ArithmeticTest {
	public static void main(String[] args) {
		// TODO Auto-generated method stub
		int a = 10;
		int b = 20;
		System.out.println("a + b = " + (a + b));
		System.out.println("a - b = " + (a - b));
		System.out.println("a * b = " + (a * b));
		System.out.println("b / a = " + (b / a));
		System.out.println("b % a = " + (b % a));
		int c = 20;
		System.out.println("--c = " + (--c));
		int d = 20;
		System.out.println("d-- = " + (d--));
		int e=20;
		System.out.println("e++ = " + (e++));
		int f=20;
		System.out.println("++f = " + (++f));
	}
}
```

运行结果如下：

```
a + b = 30
a - b = -10
a * b = 200
b / a = 2
b % a = 0
--c   = 19
d--   = 20
e++   = 20
++f   = 21
```

### 2.4.2 关系运算符

关系运算符用于比较两个数值之间的大小，其运算结果为一个逻辑类型（boolean，布尔类型）的数值，如表 2.7 所示。

表 2.7 关系运算符

| 运算符 | 说明 |
| --- | --- |
| == | 检查两个操作数的值是否相等，如果相等则条件为真 |
| != | 检查两个操作数的值是否相等，如果不相等则条件为真 |
| > | 检查左操作数的值是否大于右操作数的值，如果是那么条件为真 |
| < | 检查左操作数的值是否小于右操作数的值，如果是那么条件为真 |
| >= | 检查左操作数的值是否大于或等于右操作数的值，如果是那么条件为真 |
| <= | 检查左操作数的值是否小于或等于右操作数的值，如果是那么条件为真 |

**例 2.5**　关系运算符的使用。

```
package chapter2.e05;
public class RelationOperatorTest {
    public static void main(String[] args) {
        // TODO Auto-generated method stub
        int a = 10;
        int b = 20;
        System.out.println("\"a == b\" : " + (a == b));
        System.out.println("\"a != b\" : " + (a != b));
        System.out.println("\"b <= a\" : " + (b <= a));
        System.out.println("9.5<8 :" + (9.5 < 8));
        System.out.println("8.5<=8.5:" + (8.5 <= 8.5));
        System.out.println((int) 'a');
        System.out.println((int)'A');
        System.out.println("'A' < 'a':" + ('A' < 'a'));
    }
}
```

运行结果如下：

```
"a == b":false
"a != b":true
"b <= a":false
9.5<8 :false
8.5<=8.5:true
97
65
'A' < 'a':true
```

**注意**：>=的意思是大于或等于，两者成立一个即可，结果为 true，<=亦如此。判断相等的符号是==，而不是=。

### 2.4.3　逻辑运算符

逻辑运算符要求操作数的数据类型为逻辑型，其运算结果也是逻辑型值，如表 2.8 所示。

**表 2.8　逻辑运算符**

| 运算符 | 说明 |
|---|---|
| && | 逻辑与运算符，当且仅当两个操作数都为真时条件才为真 |
| & | |
| \|\| | 逻辑或操作符，如果两个操作数任何一个为真则条件为真 |
| \| | |
| ! | 逻辑非运算符，用来反转操作数的逻辑状态。如果条件为 true，则逻辑非运算将得到 false |

两种逻辑与（&&和&）的运算规则基本相同，两种逻辑或（||和|）的运算规则也基本相同。其中&&和||是短路操作符，&和|是非短路操作符。

所谓短路计算，是指系统从左至右进行逻辑表达式的计算，一旦出现计算结果已经确定的情况，则计算过程即被终止。而非短路计算（&和|运算）则是要把逻辑表达式全部计算完。

对于&和|运算，即使左侧条件为 false，也会计算右侧条件的值。

对于&&运算，只要运算符左端的值为 false，则无论运算符右端的值为 true 还是 false，其最终结果都为 false。系统一旦判断出&&运算符左端的值为 false，则系统将终止计算。

对于||运算来说，只要运算符左端的值为 true，则无论运算符右端的值为 true 还是 false，其最终结果都为 true。系统一旦判断出||运算符左端的值为 true，则系统将终止计算。

**例 2.6** 逻辑运算符的短路运算与非短路运算。

```
package chapter2.e06;
public class LogicalOperatorTest {
	public static void main(String[] args) {
		// TODO Auto-generated method stub
		// 短路||
		int i0 = 0;
		int j0 = 0;
		if (++i0 > 0 || ++j0 > 0) {
			System.out.println("短路|| i0 的值:" + i0);
			System.out.println("短路|| j0 的值:" + j0);
		}
		// 短路&&
		int i1 = 0;
		int j1 = 0;
		if (!(++i1 < 0 && ++j1 > 0)) {
			System.out.println("短路&& i1 的值:" + i1);
			System.out.println("短路&& j1 的值:" + j1);
		}
		// 非短路|，每个部分都参加运算
		int i2 = 0;
		int j2 = 0;
		if (++i2 > 0 | ++j2 > 0) {
			System.out.println("非短路| i2 的值:" + i2);
			System.out.println("非短路| j2 的值:" + j2);
		}
		// 非短路&，每个部分都参加运算
		int i3 = 0;
		int j3 = 0;
		if (!(++i3 < 0 & ++j3 > 0)) {
			System.out.println("非短路& i3 的值:" + i3);
			System.out.println("非短路& j3 的值:" + j3);
		}
	}
}
```

运行结果如下：

```
短路|| i0 的值:1
短路|| j0 的值:0
短路&& i1 的值:1
短路&& j1 的值:0
```

```
非短路| i2 的值:1
非短路| j2 的值:1
非短路& i3 的值:1
非短路& j3 的值:1
```

在判断时推荐使用短路运算符进行逻辑判断，因为短路运算符在一定程度上可以提高程序运行的效率。&和| 不仅可以用于逻辑判断，还可以用于位运算。

### 2.4.4　位运算符

位运算符应用于整数类型（int）、长整型（long）、短整型（short）、字符型（char）和字节型（byte）等类型，作用在所有的位上，并且按位运算，如表 2.9 所示。

表 2.9　位运算符

| 运算符 | 说明 |
| --- | --- |
| & | 如果相对应位都是 1，则结果为 1，否则为 0 |
| \| | 如果相对应位都是 0，则结果为 0，否则为 1 |
| ^ | 如果相对应位值相同，则结果为 0，否则为 1 |
| ~ | 按位补运算符翻转操作数的每一位，即 0 变成 1，1 变成 0 |
| << | 按位左移运算符。左操作数按位左移右操作数指定的位数 |
| >> | 按位右移运算符。左操作数按位右移右操作数指定的位数 |
| >>> | 无符号按位右移补零操作符。左操作数的值按右操作数指定的位数右移，移动得到的空位以零填充。注意：无符号的意思是将符号位当作数字位看待 |

**例 2.7**　位运算符的使用。

```
package chapter2.e07;
public class BitwiseOperatorTest {
    public static void main(String[] args) {
        // TODO Auto-generated method stub
        // 位与&
        int a = 15;             // a 等于二进制数的 00001111
        int b = 6;              // b 等于二进制数的 00000110
        System.out.println("位与&  : " + (a & b));
        // 左移<<
        int a1 = 15;
        int b1 = 2;
        int c1 = a << b1;       // 等于 00111100
        System.out.println("左移" + c1);
        // 右移>>
        int a2 = 15;
        int b2 = 2;
        int c2 = a >> b2;       // 等于 00111100
        System.out.println("右移>>: " + c2);
        // 补运算 ~
        int a3 = 15;            // 00010110
```

```
        int c3 = ~a3;
        System.out.println("补运算 ~:  " + c3);
        // 异或运算
        int a4 = 15;
        int b4 = 2;
        System.out.println("异或运算 :  " + (a4 ^ b4));
        // >>>无符号右移
        int a5 = -1;
        int b5 = a5 >>> 1;
        System.out.println(">>>无符号右移: " + b5);
    }
}
```

运行结果如下：

```
位与& : 6
左移 60
右移>>: 3
补运算 ~:  -16
异或运算 :  13
>>>无符号右移: 2147483647
```

### 2.4.5 赋值运算符

赋值运算符可以与二元算术运算符、逻辑运算符和位运算符组合成简捷运算符，从而可以简化一些常用表达式的书写，如表 2.10 所示。

表 2.10 赋值运算符

| 运算符 | 用法 | 等价于 | 说明 |
| --- | --- | --- | --- |
| = | s=i | s=i | 简单的赋值运算符，将右操作数的值赋给左操作数 |
| += | s+=i | s=s+i | 加和赋值操作符，它把左操作数和右操作数相加赋值给左操作数 |
| -= | s-=i | s=s-i | 减和赋值操作符，它把左操作数和右操作数相减赋值给左操作数 |
| *= | s*=i | s=s*i | 乘和赋值操作符，它把左操作数和右操作数相乘赋值给左操作数 |
| /= | s/=i | s=s/i | 除和赋值操作符，它把左操作数和右操作数相除赋值给左操作数 |
| %= | s%=i | s=s%i | 取模和赋值操作符，它把左操作数和右操作数取模后赋值给左操作数 |
| <<= | s<<=i | s=s<<i | 左移位赋值运算符 |
| >>= | s>>=i | s=s>>i | 右移位赋值运算符 |
| >>>= | s>>>=i | s=s>>>i | 无符号按位右移补零操作符 |
| &= | s&=i | s=s&i | 按位与赋值运算符 |
| ^= | s^=i | s=s^i | 按位异或赋值操作符 |
| \|= | s\|=i | s=s\|i | 按位或赋值操作符 |

**例 2.8** 赋值运算符的使用。

```
package chapter2.e08;
```

```
public class AssignmentTest {
    public static void main(String[] args) {
        // TODO Auto-generated method stub
        int a = 10;
        int b = 20;
        int c = 0;
        c = a + b;
        System.out.println("c = a + b : " + c);
        c += a;
        System.out.println("c += a   : " + c);
        c -= a;
        System.out.println("c -= a : " + c);
        c *= a;
        System.out.println("c *= a :" + c);
        a = 10;
        c = 15;
        c /= a;
        System.out.println("c /= a : " + c);
        a = 10;
        c = 15;
        c %= a;
        System.out.println("c %= a   : " + c);
        c <<= 2;
        System.out.println("c <<= 2 : " + c);
        c >>= 2;
        System.out.println("c >>= 2 :" + c);
        c >>>= 2;
        System.out.println("c >>>= 2 : " + c);
        c &= a;
        System.out.println("c &= a :" + c);
        c ^= a;
        System.out.println("c ^= a     : " + c);
        c |= a;
        System.out.println("c |= a   : " + c);
    }
}
```

运行结果如下：

```
c = a + b = 30
c += a   = 40
c -= a = 30
c *= a = 300
c /= a = 1
c %= a   = 5
c <<= 2 = 20
c >>= 2 = 5
```

```
c >>>= 2 = 1
c &= a   = 0
c ^= a    = 10
c |= a    = 10
```

### 2.4.6 条件运算符

条件运算符也被称为三元运算符，可用于条件判断，其表示格式如下：

<表达式 1> ？<表达式 2> : <表达式 3>

先计算<表达式 1>的值；当<表达式 1>的值为 true 时，将<表达式 2>的值作为整个表达式的值；当<表达式 1>的值为 false 时，将<表达式 3>的值作为整个表达式的值。

**例 2.9** 条件运算符的使用。

```
package chapter2.e09;
public class ConditionalOperatorTest {
	public static void main(String[] args) {
		// TODO Auto-generated method stub
		int a = 55,b = 132,res0,res1;
		res0 = a > b ? a : b;
		System.out.println(res0);
		res1=a<b?a:b;
		System.out.println(res1);
	}
}
```

运行结果如下：

```
132
55
```

### 2.4.7 字符串加运算符

当操作数是字符串时，加（+）运算符用来合并两个字符串；当加（+）运算符的一边是字符串，另一边是数值时，机器自动将数值转换为字符串，并连接为一个字符串。

**例 2.10** 字符串连接。

```
package chapter2.e10;
public class PlusTest {
	public static void main(String[] args) {
		// TODO Auto-generated method stub
		String a ="www",b="org";
		int c = 666;
		String d = a+"bbb"+c;
		System.out.println(d);
	}
}
```

运行结果如下：

```
wwwbbb666
```

## 2.5　控制语句

在一个程序执行的过程中，各条语句的执行顺序对程序的结果是有直接影响的，也就是说程序的流程对运行结果有直接的影响。所以我们必须清楚每条语句的执行流程。而且，很多时候我们要通过控制语句的执行顺序来实现我们要完成的功能。

### 2.5.1　流程控制语句

流程控制语句，顾名思义，就是控制程序走向的语句，其中包括顺序结构、选择结构和循环结构。

顺序结构是程序中最简单最基本的流程控制，没有特定的语法结构，按照代码的先后顺序依次执行，程序中大多数的代码都是这样执行的。总的来说，写在前面的先执行，写在后面的后执行。顺序结构只能顺序执行，不能进行判断和选择，因此需要选择结构。

1. 选择结构

选择结构也被称为分支结构。选择结构有特定的语法规则，代码要执行具体的逻辑运算进行判断，逻辑运算的结果有两个，所以产生选择，按照不同的选择执行不同的代码。Java 语言提供了两种选择结构语句：

（1）if 语句。

（2）switch 语句。

if 条件语句有以下 3 种形式：

- if(表达式){方法体}
- if(表达式){方法体} else {方法体}
- if(表达式){方法体} else if(表达式){方法体} else{方法体}

表达式的结果是一个布尔值，如果是 true，直接进入 if 的方法体中，如果结果为 false，则跳过 if 的方法体继续执行。

**例 2.11**　if 语句的使用。

```
package chapter2.e11;
import java.util.Scanner;
public class IfTest {
	public static void main(String[] args) {
		// TODO Auto-generated method stub
		Scanner scan = new Scanner(System.in);
		System.out.println("请输入以下数字：");
		int a = scan.nextInt();
		if (a > 0 & a < 100) {
			System.out.println(a + ">0&" + a + "<100");
		} else if (a < 500) {
			System.out.println(a + "<500");
		} else {
			System.out.println(a + "是个大数");
		}
```

```
        }
    }
```

运行结果如下：

```
请输入以下数字：
900
900 是个大数
```

switch 语句判断一个变量与一系列值中的某个值是否相等，每个值称为一个分支。switch 语法格式如下：

```
switch(expression)
{ case value1:
//语句
break; //可选
case value2:
//语句
break; //可选
//你可以有任意数量的 case 语句
:
default : //可选
//语句 }
```

switch 语句中的 Expression 表达式的类型可以是 byte、short、int、char。从 Java SE 7 开始，switch 开始支持字符串类型，同时 case 标签必须为字符串常量或字面量。

switch 语句可以拥有多个 case 语句。每个 case 后面跟一个要比较的值和冒号。

case 语句中的值的数据类型必须与 Expression 表达式的数据类型相同，而且只能是常量或者字面常量。

当 Expression 表达式的值与 case 语句的值相等时，case 语句之后的语句开始执行，直到 break 语句出现才会跳出 switch 语句。

当遇到 break 语句时 switch 语句终止，程序跳转到 switch 语句后面的语句执行。case 语句不必须包含 break 语句。如果没有 break 语句出现，程序会继续执行下一条 case 语句，直到出现 break 语句。

switch 语句可以包含一个 default 分支，该分支必须是 switch 语句的最后一个分支。default 在没有 case 语句的值和 Expression 表达式的值相等的时候执行。default 分支不需要 break 语句。

**例 2.12** switch 语句的使用。

```
package chapter2.e12;
public class SwithTest {
    public static void main(String[] args) {
        Scanner sc = new Scanner(System.in);
        System.out.print("您的考试成绩为：");
        int score = sc.nextInt();
        int a = score/10;
        switch(a){
        case 10:
            System.out.println("完美！");
            break;
```

```
            case 9:
                System.out.println("成绩真棒！ ");
                break;
            case 8:
                System.out.println("成绩优秀");
                break;
            case 7:
                System.out.println("成绩良好！ ");
                break;
            case 6:
                System.out.println("成绩及格！ ");
                break;
            default:
                System.out.println("成绩不及格！ ");
            }
        }
    }
```

运行结果如下：

```
您的考试成绩为：100
完美!
```

简单来说，switch 分支语句的执行过程是首先计算出表达式的值；其次和 case 依次比较，一旦有对应的值就会执行相应的语句，在执行的过程中遇到 break 就会结束；最后，如果所有的 case 都和表达式的值不匹配，就会执行 default 语句体部分，然后 switch 语句执行结束。

2. 循环结构

如果需要同样的操作执行多次，就需要使用循环结构。Java 有 3 种主要的循环结构：for 循环、while 循环和 do…while 循环。

（1）for 循环。for 循环执行的次数是在执行前就确定的。

```
for(初始化; 布尔表达式; 更新)
{ //代码语句 }
```

**例 2.13**　使用 for 循环输出水仙花数。

```
package chapter2.e13;
public class ForLoopTest {
    public static void main(String[] args) {
        // TODO Auto-generated method stub
        int count = 0;
        for (int i = 100; i < 1000; i++) {
            int ge = i % 10;
            int shi = i / 10 % 10;
            int bai = i / 10 / 10 % 10;
            if (i == (ge * ge * ge + shi * shi * shi + bai * bai * bai)) {
                System.out.println("水仙花数是： " + bai + "" + shi + "" + ge);
                count++;
            }
        }
        System.out.println("水仙花数共有" + count + "个");
    }
}
```

运行结果如下：

```
水仙花数是：153
水仙花数是：370
水仙花数是：371
水仙花数是：407
水仙花数共有 4 个
```

（2）while 循环。格式如下：

```
while(条件判断语句) {
    循环体语句;  }
```

例 2.14　使用 while 实现循环。

```java
package chapter2.e14;
public class WhileLoopTest {
        public static void main(String[] args) {
                // TODO Auto-generated method stub
                int x = 10;
                while (x < 12) {
                        System.out.println("value of x : " + x);
                        x++;
                }
        }
}
```

运行结果如下：

```
value of x : 10
value of x : 11
```

（3）do…while 循环。格式如下：

```
do {
    循环体语句;
  }while(条件判断语句);
```

例 2.15　使用 do…while 实现循环。

```java
package chapter2.e15;
public class DoWhileLoopTest {
        public static void main(String[] args) {
                // TODO Auto-generated method stub
                 int y = 2;
                    do {
                          System.out.println("我爱学习");
                          y++;
                    }while(y < 5);
                    System.out.println("我该休息了 ");
        }
}
```

运行结果如下：

```
我爱学习
我爱学习
我爱学习
我该休息了
```

while(布尔表达式)和 do…while(布尔表达式)类似，while 是先判断后执行，do…while 是先执行一次然后再判断条件。如果布尔表达式结果为真，那么两个循环语句结果相同，若布尔表达式的第一次结果为假，do…while 会先执行一次，而 while 不会继续执行。

循环结构之间结合起来可以实现比较复杂的功能。比如编写一个简易计算器，实现基本+、-、*、/、%运算。

**例 2.16**　编写程序，实现一个简单的计算器。

```
package chapter2.e16;
import java.util.Scanner;
public class TwoLoopTest {
    public static void main(String[] args) {
        // TODO Auto-generated method stub
        menu();
        play();
    }
    private static void menu() {
        // TODO Auto-generated method stub
        System.out.println("**********欢迎使用计算器**********");
        System.out.println("1.加法运算");
        System.out.println("2.减法运算");
        System.out.println("3.乘法运算");
        System.out.println("4.除法运算");
        System.out.println("5.取余运算");
        System.out.println("6.退出");
        System.out.println("******************************");
    }
    private static void play() {
        // TODO Auto-generated method stub
        int i = 0;
        double a = 0.0;
        double b = 0.0;
        Scanner sc = new Scanner(System.in);
        System.out.println("输入您要进行的操作：");
        i = sc.nextInt();
        while (true) {
            switch (i) {
            case 1:
                System.out.println("输入两个数进行加法");
                a = sc.nextDouble();
                b = sc.nextDouble();
                System.out.println("计算结果为：" + (a + b));
                break;
            case 2:
                System.out.println("输入两个数进行减法");
                a = sc.nextDouble();
                b = sc.nextDouble();
                System.out.println("计算结果为：" + (a - b));
```

```
                    break;
                case 3:
                    System.out.println("输入两个数进行乘法");
                    a = sc.nextDouble();
                    b = sc.nextDouble();
                    System.out.println("计算结果为：" + (a * b));
                    break;
                case 4:
                    System.out.println("输入两个数进行除法");
                    a = sc.nextDouble();
                    b = sc.nextDouble();
                    System.out.println("计算结果为：" + (a / b));
                    break;
                case 5:
                    System.out.println("输入两个数进行取余");
                    a = sc.nextDouble();
                    b = sc.nextDouble();
                    System.out.println("计算结果为：" + (a % b));
                    break;
                case 6:
                    System.out.println("*********谢谢使用！*********");
                default:
                    System.out.println("输入有误！");
                }
                menu();
                play();
            }
        }
    }
```

运行结果不在书里展示了，请读者自行测试。

### 2.5.2 跳转控制语句

Java 提供了 break 和 continue 来实现控制语句的跳转和中断。

（1）break（中断）：用在选择结构 switch 语句和循环结构中。

（2）continue（继续）：只用在循环结构中。

break 是退出当前循环；continue 是退出本次循环，进入下一次循环。

## 2.6 方法与方法调用和重载

### 2.6.1 方法

假设有一个游戏程序，程序在运行过程中要不断地发射炮弹（例如植物大战僵尸）。发射炮弹的动作需要编写 100 行的代码，在每次实现发射炮弹的地方都需要重复地编写这 100 行代码，这样程序会变得很臃肿，可读性也非常差。为了解决代码重复编写的问题，可以将发射炮弹的代码提取出来放在一个{ }中，并为这段代码起个名字，这样在每次发射炮弹的地方通过这个名字来调用发射炮弹的代码就可以了。上述过程中，所提取出来的代码可以被看作是程序中定义的一个方法，程序在需要发射炮弹时调用该方法即可。

总结来说，Java 方法是语句的集合，它们在一起执行一个功能。

- 方法是解决一类问题的步骤的有序组合。
- 方法包含于类或对象中。
- 方法在程序中被创建，在其他地方被引用。

方法的格式如下：

```
修饰符 返回值类型 方法名(参数类型 参数名 1,参数类型 参数名 2,...) {
方法体语句;
return 返回值;}
```

修饰符：目前就用 public static，后面再详细讲解其他修饰符。

返回值类型（returnValueType）：方法可能会返回值。returnValueType 是方法返回值的数据类型。有些方法执行所需的操作，但没有返回值，在这种情况下 returnValueType 是关键字 void。

方法名：方法的名字的第一个单词应以小写字母作为开头，后面的单词则用大写字母开头，不使用连接符。例如 addPerson。

参数类型：参数像是一个占位符。当方法被调用时，传递值给参数。这个值被称为实参或变量。参数列表是指方法的参数类型、顺序和参数的个数。参数是可选的，方法可以不包含任何参数。

参数名：就是参数的名字，是局部变量。

方法体语句：方法体包含具体的语句，定义该方法的功能。

return：结束方法。

返回值：就是功能的结果，由 return 带给调用者。

注意事项：

（1）方法不调用不执行。

（2）方法之间是平级关系，不能嵌套定义。

（3）方法定义的时候，参数是用逗号“,”隔开的。

（4）方法在调用的时候，不用再传递数据类型。

（5）如果方法有明确的返回值类型，就必须由 return 语句返回。

### 2.6.2　方法调用

根据方法是否有返回值，Java 支持两种调用方法的方式。

当方法有返回值时，方法调用通常被当作一个值，这种调用也叫赋值调用。用法如下：

```
int smaller = min(30, 40);
```

**例 2.17**　有返回值的方法调用。

```
package chapter2.e17;
public class TestMax {
    /** 主方法 */
    public static void main(String[] args) {
```

```
        int i = 5;
        int j = 2;
        int k = max(i, j);
        System.out.println("The maximum between " + i + " and " + j + " is " + k);
    }
    /** 返回两个整数变量较大的值 */
    public static int max(int num1, int num2) {
        int result;
        if (num1 > num2)
            result = num1;
        else
            result = num2;
        return result;
    }
}
```

程序包含 main 方法和 max 方法。main 方法是被 JVM 调用的，除此之外，main 方法和其它方法没有什么区别。main 方法的头部是不变的，带修饰符 public 和 static，返回 void 类型值，方法名字是 main，此外带一个 String[]类型参数。String[]表明参数是字符串数组。

如果方法返回值是 void，方法调用是一条语句，则这种赋值也叫单独调用。如：

```
System.out.println("欢迎您！");
```

**例 2.18** 无返回值的方法调用。

```
package chapter2.e18;
public class TestVoidMethod {
    public static void main(String[] args)
    {
        printGrade(78.5);
    }
    public static void printGrade(double score) {
        if (score >= 90.0){
            System.out.println('A');
        }
        else if (score >= 80.0) {
            System.out.println('B');
        }
        else if (score >= 70.0){
            System.out.println('C');
        }
        else if (score >= 60.0) {
            System.out.println('D');
        }
        else {
            System.out.println('F');
        }
    }
}
```

这里 printGrade 方法是一个 void 类型方法，它不返回值。

一个 void 方法的调用一定是一个语句，所以它被在 main 方法第三行以语句形式调用。就像任何以分号结束的语句一样。

### 2.6.3 方法重载

如果有两个方法的方法名相同，参数列表不同（不同的参数类型或者参数顺序或者参数个数），那么可以说一个方法是另一个方法的重载。具体说明如下：

- 方法名相同。
- 方法的参数类型、个数顺序至少有一项不同。
- 方法的返回类型可以不相同。
- 方法的修饰符可以不相同。
- main 方法也可以被重载。

重载的多个方法都具有相同的方法名，但具有不同的参数和不同的定义。调用方法时通过传递给它们不同的参数个数或参数类型来决定具体使用哪个方法。

重载的目的是方便程序员调用方法。比如，System.out.println()这个函数是用来输出的，当输出的是整数时是用这个方法，当输出一个字符串时还是用这个方法。根据传入参数的不同，自动找到匹配的方法。

**例 2.19** 方法重载。

```
package chapter2.e19;
public class Overload
{
    // 下面定义了两个 test()方法，但方法的形参列表不同
    // 系统可以区分这两个方法，这种被称为方法重载
    public void test()
    {
        System.out.println("无参数");
    }
    public void test(String msg)
    {
        System.out.println("重载的 test 方法 " + msg);
    }
    public static void main(String[] args)
    {
        Overload ol = new Overload();
        // 调用 test()时没有传入参数，因此系统调用上面没有参数的 test()方法
        ol.test();
        // 调用 test()时传入了一个字符串参数，因此系统调用上面带一个字符串参数的 test()方法
        ol.test("hello");
    }
}
```

## 2.7 习题

1．编写程序实现对给定的 4 个整数按从大到小的顺序排列。

2．编写程序，从键盘输入一个 0～99999 之间的任意数，判断输入的数是几位数。

3．编写程序，输入两个正整数 m 和 n，求其最大公约数和最小公倍数。

4．一个数如果恰好等于它的因子之和，那么这个数就称为“完数”。例如 6=1+2+3。编程找出 1000 以内的所有完数。

# 第 3 章　数组

数组对于每一种编程语言来说都是重要的数据结构，当然不同语言对数组的实现及处理也不尽相同。Java 语言中提供的数组用来存储固定大小的同类型元素。

数组是相同类型的、用一个标识符名称封装到一起的一个对象序列或基本类型数据序列。

其实数组就是一个容器。运算的时候有很多数据参与运算，那么首先需要做的不是如何运算，而是如何保存这些数据以便于后期的运算。数组就是一种用于存储数据的方式，能存数据的地方我们称之为容器，容器里装的东西就是数组的元素。数组可以装任意类型的数据。虽然可以装任意类型的数据，但是定义好的数组只能装一种元素，也就是数组一旦定义，那么里边存储的数据类型也就确定了。

数组的最大好处就是能对存储进来的元素自动编号，注意编号是从 0 开始，以方便操作这些数据。

## 3.1　一维数组

### 3.1.1　一维数组的定义与使用

为了使用数组，必须在程序中声明数组并指定数组的元素类型。

Java 语言中，声明数组有以下两种方式：

```
type var[];
```

和

```
type[] var;
```

声明数组时不能指定其长度（数组中元素的个数），如 int a[5];是非法的。

Java 中使用关键字 new 创建数组对象，new 用来在内存中产生一个容器实体，数据要存储是需要有空间的，存储很多数据的空间用 new 操作符来开辟，格式如下：

```
数组名 =new 数组元素的类型 [数组元素的个数]
```

例如 int[] x=new int[3];。new int[3]做了两件事情，首先使用 new int[3]创建了一个数组，然后把这个数组的引用赋值给数组变量 x。任何一个变量都得有自己的数据类型。注意这个 x 不是 int 类型的。int 代表的是容器里边元素的类型，那么 x 是数组类型的。数组是一种单独的数据类型，给数组分配空间时，必须指定数组能够存储的元素个数来确定数组大小，创建数组之后不能修改数组的大小。可以使用 length 属性获取数组的大小。

**例 3.1**　遍历数组。

```
package chapter3.e01;
public class ArrayDefinition {
    public static void main(String[] args) {
        // TODO Auto-generated method stub
            int[] s ;           // 声明变量
            int i ;             // 声明变量
```

```
            s = new int[5] ;  //创建数组对象
              for(i = 0 ; i < 5 ; i++) {
          s[i] = i ;
      }
      for(i = 4 ; i >= 0 ; i--) {
          System.out.println ("" + s[i]) ;
      }
   }
}
```

**例 3.2** 使用属性 length 来获取数组的长度。

```
package chapter3.e02;
public class ArrayLengthTest {
    public static void main(String[] args) {
        int[] x = { 1, 2, 3 };
        for (int y = 0; y < x.length; y++) {
            System.out.println(x[y]);
        }
    }
}
```

### 3.1.2 数组的内存分析

```
int[] arr=new int[4];
```

其中“=”为赋值运算符，作用是将数组对象的内存地址赋予变量 arr。

变量 arr 是存放在栈内存中的，栈的特点是变量一旦超出了作用域，该变量就会从内存中消失，同时释放内存空间。

new int[4];语句的作用是通过 JVM 在堆中开辟一块新的空间，创建一个新的对象，如图 3.1 所示。

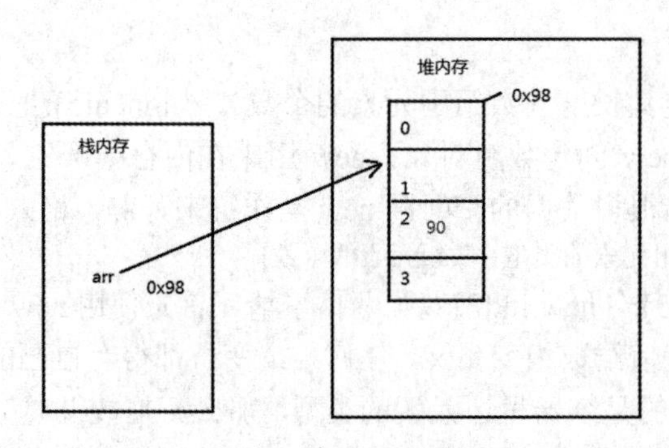


图 3.1 内存中的数组

堆内存中存储的都是对象数据，对象使用完毕，并不会马上从内存中消失，而是等垃圾回收器不定时收回垃圾对象后，对象才会从堆中消失并释放内存。

## 3.2 数组常见的异常

数组常见的异常有：数组索引越界、空指针等。

（1）ArrayIndexOutOfBoundsException 索引值越界。

原因：访问了不存在的索引值。注意，数组的角标从 0 开始。

**例 3.3**　索引值越界产生的异常。

```
package chapter3.e03;
public class ArrayIndexOutOfBoundsExceptionTest {
    public static void main(String[] args) {
        int[] x = { 1, 2, 3 };
        System.out.println(x[3]);
        // java.lang.ArrayIndexOutOfBoundsException
    }
}
```

运行结果如下：

```
Exception in thread "main" java.lang.ArrayIndexOutOfBoundsException: 3
	at chapter3.e03.ArrayIndexOutOfBoundsExceptionTest.main(ArrayIndexOutOfBoundsExceptionTest.java:7)
```

（2）NullPointerException 空指针异常。

原因：引用类型变量没有指向任何对象，而是访问了对象的属性或者是调用了对象的方法。

**例 3.4**　空指针异常。

```
package chapter3.e04;
public class NullPointerExceptionTest {
    public static void main(String[] args) {
        int[] x = { 1, 2, 3 };
        x = null;
        System.out.println(x[1]);
    }
}
```

运行结果如下：

```
Exception in thread "main" java.lang.NullPointerException
	at chapter3.e04.NullPointerExceptionTest.main(NullPointerExceptionTest.java:8)
```

## 3.3　Arrays 的使用

Array 是 Java 类库中提供的类，类中的方法用于对数组的各种操作。

- 遍历：toString()将数组的元素以字符串的形式返回。
- 排序：sort()将数组按照升序排列。
- 查找：binarySearch()在指定数组中查找指定元素，返回元素的索引，如果没有找到返回(-插入点-1)。注意，使用查找功能的时候，数组一定要先排序。

**例 3.5**　Arrays 的使用。

```
package chapter3.e05;
import java.util.Arrays;
public class ArraysTest {
    public static void main(String[] args) {
        int[] a = new int[] { 2, 84, 63, 18, 94, 25 };
```

```
            System.out.println(Arrays.toString(a));
            Arrays.sort(a);
            System.out.println(Arrays.toString(a));
            System.out.println(Arrays.binarySearch(a, 100));
        }
    }
```

运行结果如下：

```
[2, 84, 63, 18, 94, 25]
[2, 18, 25, 63, 84, 94]
-7
```

## 3.4 二维数组

二维数组的实质是存储一维数组的数组，定义格式如下：

数组类型[][] 数组名 = new 数组类型[一维数组的个数][每一个一维数组中元素的个数];

**例 3.6** 二维数组的长度。

```
package chapter3.e06;
import java.util.Arrays;
public class TwoDArrayTest {
        public static void main(String[] args) {
            // TODO Auto-generated method stub
            int[][] a = new int[3][4];
            System.out.println(a.length);
            System.out.println(a[0].length);
        }
    }
```

运行结果如下：

```
3
4
```

导致上述结果的原因如图 3.2 所示。

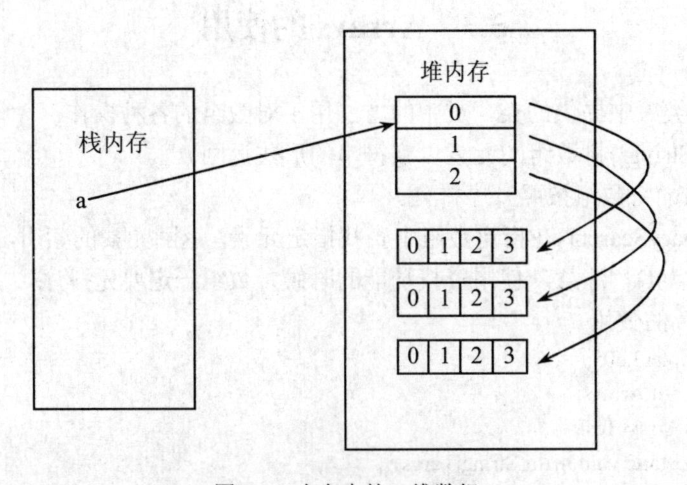


图 3.2 内存中的二维数组

二维数组的初始化方法有两种：一种是静态初始化，一种是动态初始化。

静态初始化如下：

```
int[][] x=new int[][]{{0,1,2},{1,2,3}};
```

**例 3.7**　动态初始化二维数组。

```
package chapter3.e07;
public class ArrayDynamicAssignment {
        public static void main(String[] args) {
                int a = 0;
                int[][] x = new int[2][3];
                for (int i = 0; i < x.length; i++) {
                        for (int j = 0; j < x[i].length; j++) {
                                x[i][j] = a++;
                                System.out.println(x[i][j]);
                        }
                }
        }
}
```

运行结果如下：

```
0
1
2
3
4
5
```

本章学习了一维数组的定义、初始化方法、数组中常见的几种异常、数组的内存分析和二维数组等。其中数组的内存分析为理解的重点。

## 3.5　习题

1．请编写程序，检查一组英文字符串数组是否符合给定的规则，规则是这个字符串数组中前面一个元素的最后一个字母和下一个元素的首位上的字母相等，并且每个元素的长度大于等于 2 且小于等于 100。

2．请编写程序，将“我”“爱”“北”“京”存入数组，然后正序和逆序输出。

# 第 4 章　类与对象

类是面向对象程序的基本单位。Java 是一种纯面向对象程序设计语言，因此 Java 程序的所有函数（方法）都是属于某个类的，没有脱离类而单独存在的函数。而 C++不是纯面向对象程序设计语言，因此在 C++程序中，函数是可以不属于某个类而单独存在的。

封装和数据隐藏、继承、多态是面向对象程序设计的主要特征，类实现了封装与数据隐藏，因此类在 Java 程序设计中具有重要的作用。

## 4.1　类

### 4.1.1　类与对象的概念

在面向对象程序设计中，如 Java 语言，构成程序的基本单位是类。将描述一个对象的数据（在面向对象的术语中称为属性）和处理这些数据的函数（在面向对象的术语中称为方法）封装在一起就形成类。类中的大多数数据成员只能用本类中的成员函数进行处理，类通过简单的外部接口与外界联系，这样即使类中的数据结构发生改变，只要类的外部接口不变，使用该类的程序就不需要改变，使得软件开发和维护更加方便。

类相当于一个模板，它描述一类对象的状态和行为。对象是类的一个实例，有特定的状态和行为。

例如汽车是一个类，而具体的某辆汽车就是一个对象。汽车的状态可以用一组属性来描述，比如颜色、车身重量、长、宽、高、排量、最高时速等。汽车的行为是由方法（函数）来描述的，如换挡、加速、刹车、转向等。将汽车的这些属性和方法封装到一起就形成一个汽车类。

而某辆具体的汽车就是一个对象，它具有特定的属性值，比如颜色是黑色、车身重量 1490kg、长 4520mm、宽 1817mm、高 1421mm、排量 2497cc、最高时速 242.0km/h。而另外一辆汽车又是另一个汽车对象，有它自己不同的属性值，使得一个对象可以与另一个对象区分开来。

### 4.1.2　类的定义

**例 4.1**　定义圆类 Circle，有属性半径，另外为了方便计算圆的面积和周长，我们给圆类增加另外一个属性圆周率 pi，圆类有计算面积的方法 getArea()和计算周长的方法 getPerimeter()。

根据题目的要求，类 Circle 的定义如下：

```
public class Circle
{
    double radius;
    double   pi=3.142;
```

```
        double getArea()
        {
            return   pi*radius*radius;
        }
        double getPerimeter()
        {
            return   2*pi*radius;
        }
    }
```

Java 使用 class 关键字定义类，类的成员用一对大括号括起来，类中可以包含数据成员，如 radius 和 pi，在面向对象的术语中称其为属性；还可以包含函数成员，如 getArea()和 getPerimeter()，在面向对象的术语中称其为方法。

有了 Circle 类，我们就可以定义 Circle 类的对象了，定义一个带有主方法的测试类 Test，在主方法中定义 Circle 类对象，并为圆的半径赋值，然后再输出圆的面积和周长。

```
class Test
{
    public static void main(String[] args)
    {
        Circle c1= new Circle();
        c1.radius = 10;
        System.out.println(c1.getArea());
        System.out.println(c1.getPerimeter());
        Circle c2= new Circle();
        c2.radius = 20;
        System.out.println(c2.getArea());
        System.out.println(c2.getPerimeter());
        c1.radius = 30;
        System.out.println(c1.getArea());
        System.out.println(c1.getPerimeter());
    }
}
```

在主方法中，首先定义圆类对象 c1，然后将其半径赋值为 10，再通过调用 getArea()方法和 getPerimeter()方法分别计算面积和周长并输出。按同样的步骤定义圆类对象 c2，并为半径赋值，输出面积和周长。最后三行程序将 c1 的半径改为 30，再输出面积和周长。运行结果如下：

```
314.2
62.839999999999996
1256.8
125.67999999999999
2827.7999999999997
188.51999999999998
```

从上面主方法的定义中我们可以发现定义对象与定义变量类似，因此我们可以将类看成是一种特殊的数据类型，类定义好之后，可以定义任意多个对象，对象的属性值是可以改变的。访问对象的成员通过“.”运算符实现。

练习：设计一个矩形类，有长和宽两个属性，以及计算面积和周长的两个方法，再定义一个 Test 类，在 Test 类的主方法中定义矩形类的对象，计算矩形的面积和周长并输出。

上面所定义的圆类，虽然实现了计算面积和周长的功能，但是并没有达到面向对象的要求，面向对象要求实现类的封装，也就是说要尽量隐藏类的内部细节，不允许在类的外部直接访问。例如 Circle 类中的属性 radius 和 pi 就应该被隐藏起来，不允许在类的外面直接引用。

Circle 类定义好之后，在程序的很多地方都可能使用 Circle 类，如上面的 Test 类，后来发现半径这个属性 radius 需要改名为 r，这时就比较麻烦，所有用到 radius 的地方都需要修改，不利于程序的维护。下面我们通过控制类成员的访问权限来实现数据隐藏。

### 4.1.3 实现数据隐藏

如果将类的成员定义为私有的（private），则在类的外面是不可以访问的。例如将 Circle 类的属性 radius 改为私有的，则在 Test 类的主方法中就不能访问 radius 属性，语句 c1.radius = 10;会产生语法错误。

下面修改前面的 Circle 类，将属性定义为私有的。修改后的 Circle 类如下：

```
public class Circle
{
        private double radius;
        private double pi=3.142;
        public double getRadius() {
                return radius;
        }
        public void setRadius(double radius) {
                this.radius = radius;
        }
        public double getArea()
        {
                return pi*radius*radius;
        }
        public double getPerimeter()
        {
                return 2*pi*radius;
        }
}
```

在类中，定义私有成员的关键字是 private，定义公有成员的关键字是 public。私有成员只有类本身的方法才可以访问，其他任何类的方法都不可以访问，而公有成员在任何地方都是可以访问的。

将属性 radius 定义为私有之后，由于在其他类中不能被直接访问，因此我们提供两个公有方法 setRadius()和 getRadius()，分别为 radius 赋值和获取 radius 的值。

下面我们解释一下 setRadius()方法中的语句 this.radius = radius;。

关键字 this 代表当前对象的引用（后面再详细介绍），也就是说谁调用这个方法，这个 this 就代表谁，this.radius 就是这个对象的半径，这个方法中的语句就是将参数 radius 的值赋给对象的属性 radius。

如果直接写 radius = radius，当然是不行的，等号前后两个 radius 都是参数的 radius，不能实现为属性赋值的功能。

当然我们也可以为参数起一个与属性不同的名字，例如改成如下的形式是可以的：

```
public void setRadius(double r) {
    radius = r;
}
```

由于参数名与属性名不同，这里的 radius 一定就是属性 radius 了。当类中有很多属性需要初始化时，使用 this 的好处就是不用再为每个对应的参数起另外的名字了。

修改后的 Test 类如下：

```
class Test
{
    public static void main(String[] args)
    {
        Circle c1= new Circle();
        Circle c2= new Circle();
        c1.setRadius(10);
        c2.setRadius(20);
        System.out.println(c1.getArea());
        System.out.println(c1.getPerimeter());
        System.out.println(c2.getArea());
        System.out.println(c2.getPerimeter());
    }
}
```

由于不能直接访问属性 radius，因此在 Test 类中调用 setRadius()方法为对象的属性 radius 赋值。运行结果如下：

```
314.2
62.839999999999996
1256.8
125.67999999999999
```

这时，如果将 Circle 类的属性 radius 改为 r，则只需要修改 Circle 类的 setRadius()和 getRadius()两个方法，而在使用 Circle 类的任何其他程序中都不需要做任何修改，从而提高了程序的可维护性。

在设计类时，通常将类的属性定义为私有的，再为每个私有属性定义一个公有的 set 方法和 get 方法，即使以后属性的定义发生变化，但只要 set 方法和 get 方法的调用方式不变，使用该类的程序就不需要改动。

练习：将前面练习中的矩形类的属性修改为私有的，再添加公有的 get 和 set 方法，实现面积和周长的计算。

## 4.2　构造方法

在前面的 Test 类中，我们是先定义 Circle 类的对象，然后再调用 setRadius()方法为对象的半径赋值，也就是说在定义圆的对象时并没有指定圆的半径值（也没有办法指定）。如果希望在定义对象的同时指定其属性值，可以通过为类添加构造方法来实现。

### 4.2.1 构造方法的定义

下面为 Circle 类添加构造方法，以实现在定义圆的对象时为该对象指定半径的值。

**例 4.2** 带有构造方法的 Circle 类。

下面首先给出构造方法和修改后的 Test 类，然后再详细探讨构造方法的特点。首先在 Circle 类中添加构造方法如下（其他方法保留不变）：

```
public class Circle
{
    private double radius;
    private double pi=3.142;
    public Circle(double radius) {
        this.radius = radius;
    }
    …
}
```

修改 Test 类如下：

```
class Test
{
    public static void main(String[] args)
    {
        Circle c1= new Circle(10);
        Circle c2= new Circle(20);
        System.out.println(c1.getArea());
        System.out.println(c1.getPerimeter());
        System.out.println(c2.getArea());
        System.out.println(c2.getPerimeter());
    }
}
```

运行结果与前面一样。

有了构造方法之后，就可以在创建对象时通过构造方法的参数为属性提供初值。构造方法的一般格式如下：

```
访问修饰符 类名([参数列表]){
  语句;
}
```

与一般方法相比，构造方法有以下几个特点：

（1）构造方法的方法名与类名相同。

（2）不能指定构造方法的返回值类型，注意与没有返回值是不同的。

（3）构造方法是在创建对象时由系统自动调用的，不能通过写程序代码调用。也就是说构造方法只有在创建对象时调用一次，其他时间是不可能再被调用的。

（4）构造方法的作用主要是为属性提供初值以及对象的初始化处理，因此构造方法通常会有一组参数，用于为属性赋初值。

在用 new 创建对象时，要为构造方法的参数提供实参。如 Circle 类的构造方法有一个参数，我们在创建 Circle 类对象的语句中就要提供一个实参，具体写法如下：

```
Circle c1= new Circle(10);
```

创建对象时提供的实参要与构造方法的参数一一对应，否则会产生错误。

练习：仿照圆类，为矩形类添加构造方法，实现相应的功能。

### 4.2.2　默认的构造方法

只要创建对象，系统就会调用构造方法，但是在例 4.1 中并没有为 Circle 类定义构造方法，为什么在 Test 类的主方法中就可以创建 Circle 对象呢？那是因为如果我们没有给类定义构造方法，系统会为类提供一个默认的构造方法，默认构造方法是一个没有参数，什么也不做的构造方法。Circle 类的默认构造方法如下：

```
public Circle() {
}
```

由于默认的构造方法没有参数，因此在创建对象时也不能提供实参。

一个类没有定义构造方法，则系统自动创建一个默认的构造方法。如果一个类已经定义了构造方法，系统是否还提供一个默认的构造方法呢？通过下面的实验我们可以验证，如果一个类已经定义了构造方法，则系统不再提供默认的构造方法。在例 4.2 的 Test 类中加入下面的语句将产生错误：

```
Circle c1= new Circle();        //错误
```

因为 Circle 类定义的构造方法有一个参数，所以创建对象时需要提供一个实参。如果不带实参创建对象，则需要调用没有参数的构造方法，由于 Circle 类已经没有了默认构造方法，因此产生了错误。

如果我们既需要指定半径创建圆对象，又需要在不指定半径的情况下创建圆对象，则需要同时提供两个构造方法，修改例 4.2 的 Circle 类如下：

```
public class Circle
{
    private double radius;
    private double pi=3.142;
    public Circle() {
    }
    public Circle(double radius) {
        this.radius = radius;
    }
    …
}
```

这个 Circle 类有两个构造方法，一个构造方法没有参数，一个构造方法有一个 double 型的参数，显然这两个构造方法是重载关系。这时我们就可以在 Test 类中用不同的方式创建 Circle 对象，如下面两行代码：

```
Circle c0= new Circle();
Circle c1= new Circle(10);
```

通过方法的重载可以为类定义多个构造方法，从而实现以不同的方式创建对象。

通过调用有参数的构造方法，可以在创建圆的对象时指定半径的值，例如上面将对象 c1 的半径设置为 10，那么调用没有参数的构造方法，半径的值是多少呢？我们可以在创建完对象 c0 一行代码的后面加入下面这行语句：

```
System.out.println(c0.getRadius());
```

程序运行后，该行代码输出结果是 0，说明如果构造方法不给属性赋值，则 double 类型的属性默认值是 0。

下面通过一个例子测试不同数据类型的属性，如果构造方法不为属性赋值，其默认值各是什么值。

**例 4.3** 测试不同数据类型属性的默认值。

设计 DefaultValue 类，为了方便起见，我们将主方法写在了 DefaultValue 类中，以便可以直接访问私有属性，代码如下：

```
public class DefaultValue {
    private int i;
    private long l;
    private short s;
    private byte   b;
    private float   f;
    private   double   d;
    private   boolean bl;
    private char c;
    public static void main(String[] args){
        DefaultValue dv = new DefaultValue();
        System.out.println(dv.i);
        System.out.println(dv.l);
        System.out.println(dv.s);
        System.out.println(dv.b);
        System.out.println(dv.f);
        System.out.println(dv.d);
        System.out.println(dv.bl);
        System.out.println(dv.c);
    }
}
```

运行结果如下：

```
0
0
0
0
0.0
0.0
false
```

在 DefaultValue 类中，定义了不同数据类型的属性。由于没有定义构造方法，因此使用系统提供的默认构造方法。根据输出结果，数值型属性的默认值是 0，布尔型属性的默认值是 false，字符型属性的默认值是编码为 0 的字符。

### 4.2.3 拷贝构造方法

前面所介绍的 Circle 类构造方法，有一个给属性赋初值的实数参数，通过这个构造方法可以创建一个指定半径的圆。有时我们需要创建一个圆对象，要求这个新创建的圆和另一个已经存在的圆一模一样，使用拷贝构造方法可以实现这一功能。

**例 4.4**　修改 Circle 类，增加圆心坐标属性，修改构造方法，增加拷贝构造方法，在 Test 类中使用这些方法。

修改后的 Circle 类如下：

```
public class Circle
{
        private double radius;
        private int x;
        private int y;
        private double pi=3.142;
        public Circle() {
        }
        public Circle(double radius, int x, int y) {
                this.radius = radius;
                this.x = x;
                this.y = y;
}
        public Circle(Circle c) {
                this.x = c.x;
                this.y = c.y;
                this.radius = c.radius;
        }
        public int getX() {
                return x;
        }
        public void setX(int x) {
                this.x = x;
        }
        public int getY() {
                return y;
        }
        public void setY(int y) {
                this.y = y;
        }
        public double getRadius() {
                return radius;
        }
        public void setRadius(double radius) {
                this.radius = radius;
        }
        public double getArea()
        {
                return pi*radius*radius;
        }
```

```
        public double getPerimeter()
        {
            return 2*pi*radius;
        }
    }
```

由于类中增加了两个属性，因此在构造方法中相应地增加两个参数，为新增加的属性赋初值。拷贝构造方法的定义如下：

```
    public Circle(Circle c) {
        this.x = c.x;
        this.y = c.y;
        this.radius = c.radius;
    }
```

参数是一个 Circle 类的引用 c（引用的概念稍后再详细讨论）。在拷贝构造方法中，将参数 c 的圆心坐标和半径分别赋给新创建圆的圆心坐标属性和半径属性，使得新创建的圆与参数 c 一样。

修改后的 Test 类如下：

```
    class Test
    {
        public static void main(String[] args)
        {
            Circle c1= new Circle(10,20,30);
            Circle c2= new Circle(20,10,15);
            Circle c3= new Circle(c2);
            System.out.print(c1.getX() + ", ");
            System.out.print(c1.getY() + ", ");
            System.out.print(c1.getArea() + ", ");
            System.out.println(c1.getPerimeter());
            System.out.print(c2.getX() + ", ");
            System.out.print(c2.getY() + ", ");
            System.out.print(c2.getArea() + ", ");
            System.out.println(c2.getPerimeter());
            System.out.print(c3.getX() + ", ");
            System.out.print(c3.getY() + ", ");
            System.out.print(c3.getArea() + ", ");
            System.out.println(c3.getPerimeter());
        }
    }
```

运行结果如下：

```
    20, 30, 314.2, 62.839999999999996
    10, 15, 1256.8, 125.67999999999999
    10, 15, 1256.8, 125.67999999999999
```

在主方法中，首先创建两个对象 c1 和 c2（调用具有三个参数的构造方法），然后再创建 c3 时使用 c2 作为实参，因此会调用拷贝构造方法，使得圆 c3 与圆 c2 一模一样。通过后面代码的输出结果可以验证 c3 与 c2 一样。

练习：参照 Circle 类，为矩形类添加中心坐标以及拷贝构造方法，在 Test 类中进行测试。

## 4.3　引用

### 4.3.1　引用的概念

在 Java 程序中，除了基本数据类型，其他类型都是引用数据类型，比如数组、类，以及后面介绍的接口等都是引用类型。基本数据类型与引用类型在内存中的存放是有本质不同的。下面通过具体实例来说明引用变量的特点。

**例 4.5**　引用变量与基本数据类型变量的差异。继续使用例 4.4 中的 Circle 类，修改 Test 类，修改后的代码如下：

```
class Test
{
    public static void main(String[] args)
    {
        int i1 = 100;
        int i2 = i1;
        System.out.println("i1: " + i1);
        System.out.println("i2: " + i2);
        i2 = 200;
        System.out.println("i1: " + i1);
        System.out.println("i2: " + i2);
        Circle c1= new Circle(10.5,20,30);
        Circle c2= c1;
        System.out.print("c1: " + c1.getX() + ", ");
        System.out.print(c1.getY() + ", ");
        System.out.println(c1.getRadius() + ", ");
        System.out.print("c2: " + c2.getX() + ", ");
        System.out.print(c2.getY() + ", ");
        System.out.println(c2.getRadius() + ", ");
        c2.setX(100);
        c2.setY(200);
        c2.setRadius(50);
        System.out.print("c1: " + c1.getX() + ", ");
        System.out.print(c1.getY() + ", ");
        System.out.println(c1.getRadius() + ", ");
        System.out.print("c2: " + c2.getX() + ", ");
        System.out.print(c2.getY() + ", ");
        System.out.println(c2.getRadius() + ", ");
    }
}
```

运行结果如下：

```
i1: 100
```

```
i2: 100
i1: 100
i2: 200
c1: 20, 30, 10.5,
c2: 20, 30, 10.5,
c1: 100, 200, 50.0,
c2: 100, 200, 50.0,
```

程序中首先定义整型变量 i1 并赋初值 100，再定义整型变量 i2 并将 i1 的值赋给 i2，输出 i1 和 i2 的值，显然 i1 和 i2 的值都是 100。

然后将 200 赋给变量 i2，再输出变量 i1 和 i2 的值，这时变量 i1 的值仍然是 100，变量 i2 的值是 200。

接下来的程序定义 Circle 类的对象 c1，半径初始化为 10.5，圆心坐标设置为(20,30)，再定义 Circle 类的对象 c2，并将 c1 赋给 c2，输出对象 c1 和 c2 的属性值，这时两个对象的半径和圆心坐标都是一样的。

然后对象 c2 调用 set 方法改变其半径和圆心的值，再输出对象 c1 和 c2 的属性值，发现对象 c1 的属性值也发生了改变，与 c2 完全一样。

下面用图示来说明基本数据类型变量与引用变量在内存中的存储区别。变量 i1 和 i2 的变化情况如图 4.1 所示，程序中定义的基本数据类型变量会分配一个内存单元，用于保存变量的值，左图显示两个变量原来的值，右图是将 i2 的值改变为 200 后的情况。

图 4.1 基本类型变量在内存中的存储

引用变量 c1 和 c2 的变化情况如图 4.2 所示，程序中定义的引用变量也会分配一个内存单元，但保存的不是对象的具体值，而是用于保存对象的地址。程序中定义引用变量 c1，并创建一个 Circle 对象，将 Circle 对象的地址保存在引用变量 c1 中，然后定义引用变量 c2，并将 c1 赋给 c2，也就是将 c1 保存的地址赋给了 c2，因此引用变量 c2 中保存的也是这个 Circle 对象的地址，也就是说两个引用变量引用的是同一个对象。然后通过 c2 调用 set 方法将这个对象的半径、圆心设置为新的值，因此，不论是用 c1 还是用 c2 访问这个对象，输出结果都是一样的，如图 4.2 中的右图所示。

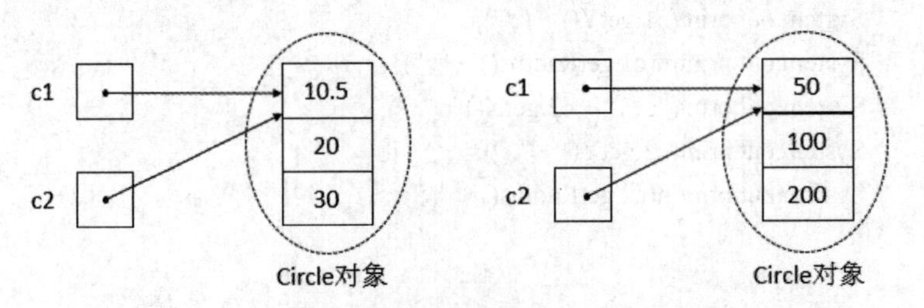


图 4.2 引用变量在内存中的存储

### 4.3.2　this 引用

在 Java 语言中，当创建一个对象后，Java 虚拟机就会为其分配一个指向对象本身的指针，这个指针就是 this，也称为 this 引用，注意 this 引用是与对象相关联的。在程序中恰当地使用 this 会带来一些方便和好处，下面介绍 this 的主要用法。

1. 访问对象的属性

当类中的属性与其方法中的参数同名时，或者与方法中的局部变量同名时，为了在该方法中访问类的属性，需要使用 this 引用。

例如前面定义的 Circle 类，由于方法 setRadius()的参数与属性 radius 同名，在方法中访问属性 radius 就要加 this 指定。由于 Java 中访问标识符遵循就近原则（指逻辑上的就近，或者说优先访问作用范围最小的标识符），如果不加 this 指定，该方法访问的一定是参数的 radius。而 getRadius()方法没有与属性 radius 同名的参数，因此可以直接访问属性 radius。两个函数的代码如下：

```
public void setRadius(double radius) {
    this.radius = radius;
}

public double getRadius() {
    return radius;
}
```

当然在 getRadius()方法中，在 radius 前面使用 this 限定也是可以的，如下：

```
public double getRadius() {
    return this.radius;
}
```

2. 使用 this 调用构造方法

在一个类的构造方法内部，也可以使用 this 关键字调用该类的其他构造方法，这样可以降低代码的重复，也可以使所有的构造方法保持统一，方便以后代码的维护。

下面我们设计一个学生类，体会使用 this 调用构造方法所带来的好处。假设学生类包括学号、姓名、性别、年龄、身高、体重等属性，这里我们关心的是构造方法，因此其他方法暂不考虑。

**例 4.6**　设计学生类，假设在学生报到时创建学生对象，这时需要为学生分配学号。由于一些特殊原因，某些学生的学号暂时无法确定，只能以后用 set 方法设置，因此需要设计两个构造方法，一个有学号参数，一个没有学号参数。

为了节省篇幅，下面的代码省去了一组 set 方法和 get 方法，只给出一个 output()方法，用于输出学生的信息，set 方法和 get 方法请读者自己写出。

```
public class Student {
    private String no;
    private String name;
    private String gender;
    private int age;
    private int height;
    private int weight;
```

```
        public Student(String name, String gender, int age, int height, int weight) {
                this.name = name;
                this.gender = gender;
                this.age = age;
                this.height = height;
                this.weight = weight;
        }
        public Student(String no, String name, String gender, int age, int height, int weight) {
                this(name, gender, age, height,weight);
                this.no = no;
        }
        public void output(){
                System.out.print(no + ",");
                System.out.print(name + ",");
                System.out.print(gender + ",");
                System.out.print(age + ",");
                System.out.print(height + ",");
                System.out.println(weight);
        }
}
```

第二个构造方法使用 this 调用了第一个构造方法，为除了学号的其他属性初始化，格式如下：

```
this(name, gender, age, height,weight);
```

在一个构造方法中调用另一个构造方法的代码必须出现在构造方法的第一行，根据 this 后面的参数找到匹配的构造方法，如果找不到则产生错误。

编写 Test 类测试 Student 类的两个构造方法。

```
public class Test {
        public static void main(String[] args) {
                Student s1 = new Student("20170101", "张三", "男", 16, 170,60);
                Student s2 = new Student("李四", "女", 17, 165,50);
                s1.output();
                s2.output();
        }
}
```

运行结果如下：

```
20170101,张三,男,16,170,60
null,李四,女,17,165,50
```

创建对象 s1 时，调用有参数“学号”的构造方法。在该构造方法中，首先通过 this 关键字调用没有参数“学号”的构造方法，为其他属性初始化，然后再初始化属性“学号”。创建对象 s2 时，直接调用没有参数“学号”的构造方法，由于没有为属性“学号”赋初值，使用默认值 null 为其初始化。

3. *在方法中返回对象本身*

有时需要方法返回对象本身，可以用 return this 实现，请看下面的例子。

**例 4.7** 设计 Person 类，包含姓名和年龄两个属性，设计一个增加年龄的方法，编写 Test

类，测试年龄的增长。

Person 类的代码如下：

```
public class Person {
        private String name;
        private int age;
        public Person(String name, int age) {
                this.name = name;
                this.age = age;
        }
        public Person grow(){
                age++;
                return this;
        }
        public void output(){
                System.out.println(name + ", " + age);
        }
}
```

Test 类的代码如下：

```
public class Test {
        public static void main(String[] args) {
                Person p = new Person("张三",20);
                p.output();
                p.grow().grow();
                p.output();
        }
}
```

运行结果如下：

```
张三, 20
张三, 22
```

Person 类的 grow()方法将年龄增加 1，其返回类型是一个 Person 对象，因此在方法中使用 return this;返回对象本身，这样在 Test 类中就可以连续多次调用 grow()方法。语句 p.grow().grow(); 等价于语句(p.grow()).grow();，第一次调用 grow()方法，返回值是 Person 对象，因此可以使用这个 Person 对象继续调用 grow()方法。如果将 grow()方法定义为：

```
public void grow(){
        age++;
}
```

则不能用 p.grow().grow();语句连续调用 grow()方法。就只能两次调用 grow()方法实现增加 2 岁的功能，如下：

```
p.grow();
p.grow();
```

## 4.4　类的聚集

聚集是指两个对象之间的归属关系（即 has-a 关系），也就是一个对象包含另一个对象。

例如圆类对象和点类对象之间的关系，点类包含两个属性表示点的坐标，圆类有圆心属性和半径属性，显然圆心可用一个点来表示，这样圆类对象就包含一个点类对象。归属关系中的所有者对象称为聚集对象，而它的类称为聚集类，如刚才所说的圆类。归属关系中的从属对象称为被聚集对象，而它的类被称为被聚集类，如刚才所说的点类。

**例 4.8** 重新设计 Circle 类，其圆心用一个点类对象表示。

首先设计点类，代码如下：

```
public class Point {
    private int x;
    private int y;
    public Point() {
    }
    public Point(int x, int y) {
        this.x = x;
        this.y = y;
    }
    public void setX(int x) {
        this.x = x;
    }
    Public int getX() {
        return x;
    }
    public void setY(int y) {
        this.y = y;
    }
    Public int getY() {
        return y;
    }
}
```

Point 类很简单，包括代表坐标的两个属性、两个构造方法，以及两个属性对应的 get 和 set 方法。

再修改 Circle 类，将圆心用 Point 对象表示，代码如下：

```
public class Circle {
    private Point center;
    private double radius;
    private double pi = 3.14;
    public Circle() {
    }
    public Circle(int x, int y, double radius) {
        this.center = new Point(x,y);
        this.radius = radius;
    }
    public Circle(Point center, double radius) {
        this.center = center;
        this.radius = radius;
    }
```

```
        public Point getCenter() {
            return center;
        }
        public void setCenter(Point center) {
            this.center = center;
        }
        public double getRadius() {
            return radius;
        }
        public void setRadius(double radius) {
            this.radius = radius;
        }
        public double getArea()
        {
            return pi*radius*radius;
        }
        public double getPerimeter()
        {
            return 2*pi*radius;
        }
    }
```

Circle 类的圆心由原来的两个整型属性表示改为由一个 Point 对象表示，相应地修改了构造方法，除了不带参数的构造方法，还提供了两个构造方法，其中一个构造方法有两个整型参数和一个实型参数，根据两个整型参数创建一个 Point 对象并赋给圆心 center，将实型参数赋给半径。

另一个构造方法有一个 Point 类型的引用参数和一个实型参数，Point 引用参数赋给圆心，将实型参数赋给半径。

设计 Test 类，测试 Point 类和 Circle 类，代码如下：

```
public class Test {
    public static void main(String[] args) {
        Circle c = new Circle(100,200,100.5);
        System.out.println(c.getCenter().getX());
        System.out.println(c.getCenter().getY());
        System.out.println(c.getRadius());
        System.out.println(c.getArea());
        System.out.println(c.getPerimeter());
    }
}
```

运行结果如下：

```
100
200
100.5
31714.785
631.14
```

在创建 Circle 对象时，为构造方法提供三个实参，因此调用有三个参数的构造方法，在

Circle 类的构造方法中再创建 Point 对象，作为圆心。

表达式 c.getCenter().getX()可以理解为，圆类对象 c 调用 getCenter()方法得到圆心点（Point 对象），Point 对象再调用 getX()方法得到圆心的 x 坐标。

当然也可以先创建 Point 对象，然后使用两个参数的构造方法创建 Circle 对象。我们再修改 Test 类，代码如下：

```
public class Test {
    public static void main(String[] args) {
        Point p = new Point(100,200);
        Circle c = new Circle(p,100.5);
        System.out.print(c.getCenter().getX() + ",");
        System.out.print(c.getCenter().getY() + ",");
        System.out.println(c.getRadius());
        p.setX(10);
        p.setY(20);
        System.out.print(c.getCenter().getX() + ",");
        System.out.print(c.getCenter().getY() + ",");
        System.out.println(c.getRadius());

    }
}
```

运行结果如下：

```
100,200,100.5
10,20,100.5
```

需要注意的是，用这种方式创建的 Circle 对象，由于 c 的圆心 center 和 Point 对象 p 引用的是同一个对象，当使用 p 调用 set 方法改变其坐标时，c 的圆心也同时被改变了。例如下面的两行代码就会改变圆 c 的圆心。

```
p.setX(10);
p.setY(20);
```

可以用图 4.3 来表示这种情况。

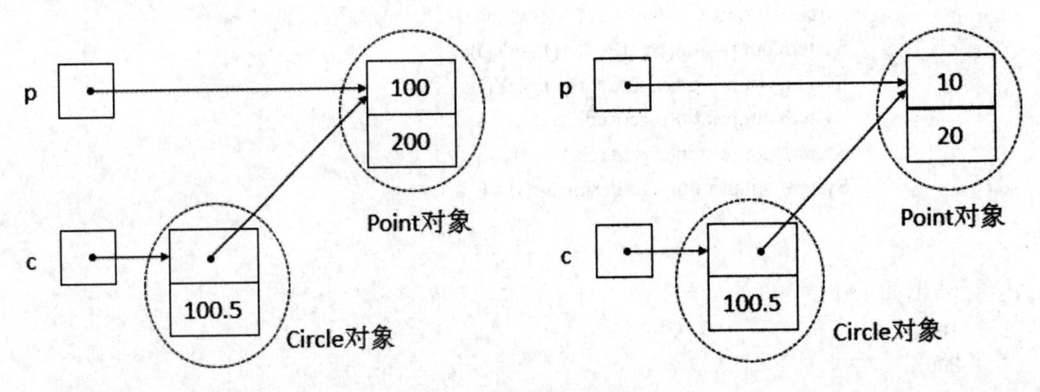


图 4.3　圆心坐标被改变

Circle 类的对象 c 在自己不知道的情况下圆心被修改了。为了避免这种情况的发生，可以用下面的语句创建 Circle 对象：

```
Circle c = new Circle(new Point(100,200),100.5);
```

第一个参数改为 new Point(100,200)，也就是临时创建一个 Point 对象作为第一个参数，这个临时对象并没有赋给一个引用变量，我们称之为匿名对象。由于没有定义这个对象的引用变量，除了通过 Circle 类的引用变量 c，就没有其他方式可以改变这个 Point 对象的值了，避免了在 c 不知情的情况下改变圆心坐标。可以通过下面的语句改变 c 的圆心坐标：

```
c.getCenter().setX(30);
c.getCenter().setY(40);
```

首先调用 Circle 类的 getCenter()方法获得圆心（Point 类的引用），再调用 Point 类的 setX()方法和 setY()方法改变圆心的 x 坐标和 y 坐标。

## 4.5　静态成员与常量

### 4.5.1　常量

1. 常量属性

在程序运行过程中，值保持不变的量称为常量，Java 中用关键字 final 定义常量。例如前面定义的圆类 Circle，其属性 PI 就是一个常量，定义方法如下：

```
public class Circle
{
    private double radius;
    private int x;
    private int y;
    private final double PI=3.14;
    …
}
```

属性前面带有 final 关键字，表示该属性是常量属性，其值是不可以改变的，因此常量属性必须要初始化。在 Java 中，常量一般采用大写字母。

常量属性的初值可以在定义时给出，如前面定义的 PI，也可以在构造方法中为常量属性赋初值，如下面的方式：

```
public Circle(double radius, int x, int y) {
    this.radius = radius;
    this.x = x;
    this.y = y;
    PI = 3.14;
}
```

**注意：常量属性只能初始化一次，如果在定义时已经有了初值，在构造方法中就不能再初始化，否则产生错误。**

2. 方法中定义常量

不仅可以定义常量属性，也可以在方法中使用关键字 final 定义局部常量。常量可以在定义时初始化，也可以在使用前赋值，但只能赋值一次，试图给常量第二次赋值，则产生语法错误。例如下面的程序，在给常量 A 和 B 第二次赋值时产生了错误。

```
public class LocalFinal {
```

```
        public static void main(String[] args) {
            fina lint A = 10;
            final int B;
            A=30;       //错误，A 已经初始化，不能再次赋值
            B=40;
            B=20;       //错误，B 已经赋值一次，不能再次赋值
        }
    }
```

### 4.5.2 静态成员

1．静态属性

类中定义的属性，在该类的不同对象中有不同的值。如前面定义的圆类，每个圆都有自己的半径值。但在类中也有一些特殊的属性，该属性的值对于该类的每个对象都是一样的，如圆类中的圆周率，所有的圆都有相同的圆周率。我们可以用关键字 static 将圆周率这样的属性定义为静态属性。将属性定义为静态属性，表示该属性值是属于类的，不依赖于任何对象。

如果我们需要记录某个类创建对象的个数，或者实现对象的自动编号，则可以使用静态属性。

**例 4.9** 设计学生类，属性有学号、姓名、年龄和一个用于记录对象个数的静态属性 count，利用属性 count 的值实现学号的自动增加。

Student 类的定义如下：

```
public class Student {
    private static int count=0;
    private String number;
    private String name;
    private int age;
    public Student(String name, int age) {
        count++;
        if(count<10){
            this.number = "20170" + count;
        }
        else{
            this.number = "2017" + count;
        }
        this.name = name;
        this.age = age;
    }
    public String getNumber() {
        return number;
    }
    public void setNumber(String number) {
        this.number = number;
    }
    public String getName() {
        return name;
```

```
    }
    public void setName(String name) {
        this.name = name;
    }
    Public int getAge() {
        return age;
    }
    public void setAge(int age) {
        this.age = age;
    }
}
```

我们假设学生人数少于 100，学号的前四位表示年，后两位表示序号，将静态属性 count 初始化为 0，在构造方法中首先将 count 值增加 1，然后生成 6 位学号，赋值给 number。Student 类除了构造方法，只有三个属性的 set 和 get 方法。

设计 StudentTest 类对 Student 类进行测试，代码如下：

```
public class StudentTest {
    public static void main(String[] args) {
        Student s1 = new Student("Zhangsan", 18);
        Student s2 = new Student("Lisi", 19);
        Student s3 = new Student("Wangwu",17);
        System.out.println(s1.getNumber() + "," + s1.getName() + s1.getAge());
        System.out.println(s2.getNumber() + "," + s2.getName() + s2.getAge());
        System.out.println(s3.getNumber() + "," + s3.getName() + s3.getAge());
    }
}
```

在主方法中定义三个 Student 对象，然后输出对象的属性值，运行结果如下：

```
201701,Zhangsan18
201702,Lisi19
201703,Wangwu17
```

通过运行结果，可以看到学号已经实现了自动增加。

2. 静态方法

前面已经介绍，静态属性是属于类的，不依赖于具体对象，因此静态属性可以通过类名访问，格式是“类名.静态属性”，例如 Student.count。由于 count 是 Student 类的私有成员，在另一个类中是不能访问的。如果将 count 改为公有成员，则是可以这样访问的。

但是为了类的封装性和数据隐藏，通常将属性声明为私有的，这时为了访问这些私有的静态属性，通常的做法是定义公有的静态方法。可以通过类名调用静态方法来实现对私有静态属性的访问。

为 Student 类添加静态方法 getCount()和 setCount()，代码如下：

```
public static int getCount() {
    return count;
}
public static void setCount(int count) {
    Student.count = count;
}
```

这时就可以在 StudentTest 类的主方法中调用这两个方法实现对静态属性 count 的访问，修改主方法如下：

```
public static void main(String[] args) {
    System.out.print(Student.getCount()+"   ");
    Student s1 = new Student("Zhangsan", 18);
    System.out.print(Student.getCount()+"   ");
    Student s2 = new Student("Lisi", 19);
    System.out.print(Student.getCount()+"   ");
    Student s3 = new Student("Wangwu",17);
    System.out.println(Student.getCount());
}
```

运行结果如下：

```
0  1  2  3
```

在测试类的主方法中使用类名调用静态方法 getCount()获得属性 count 的值。

注意：使用类名可以调用静态方法，但不能调用非静态方法。因为类中的非静态成员是属于对象的，只有对象才可以访问非静态成员。

用静态方法只能访问静态属性或调用静态方法，不能访问非静态属性，也不能调用非静态方法。因为如果可以的话，类就可以间接地访问非静态属性了，这显然是不合理的。

也就是说通过类名只能访问到静态属性，不管用什么手段（直接的或间接的）都不能访问到非静态属性。

另外由于静态方法可以被类调用，因此静态方法中没有 this 引用（this 是与对象关联的）。

对象既可以调用非静态方法，也可以调用静态方法。但为了更符合逻辑，通常都使用类名调用静态方法。

3. 静态常量属性

很多时候，类中的静态属性都被定义为常量。例如在圆类中，不仅任何一个圆都具有相同的圆周率，而且圆周率也是一个常量。我们可以将圆类中的圆周率定义为静态常量，定义方法如下：

```
public class Circle
{
    private double radius;
    public static final double PI=3.14;
    …
}
```

静态常量必须在定义时初始化。

事实上，在 Java 提供的数学类 Math 中定义了很多数学常量，其中就有圆周率 PI，因此我们不必定义自己的 PI，直接使用 Math.PI 即可。

4. 静态代码块

一个类可以使用不包含在任何方法中的静态代码块，静态代码块的格式如下：

```
static {
    …
}
```

Java 的.class 字节码文件要想执行，首先要加载到内存中，由类加载器把字节码文件的代码加载到内存中，这一过程叫做类加载。静态代码块就是在类加载时被执行的，且只被执行一次，静态代码块常用来完成类属性的初始化。

除了静态代码块，Java 的类中也可以有非静态代码块，格式如下：

```
{
    …
}
```

非静态代码块是在创建对象时在执行构造方法之前执行的，每创建一个对象都要执行一次。

下面以一个人出生后要建立档案为例，介绍静态代码块、非静态代码块和构造方法的执行顺序。

**例 4.10**　设计 Person 类，用于出生建立档案，为了简单起见，只涉及三个属性：国籍、年龄和姓名。由于在国内出生，国籍都是“中国”，因此可以将其定义为静态常量；出生时年龄都是 0 岁（周岁），每个对象都一样，但将来每个人的年龄都是可以单独变化的；姓名在创建对象时每个人都是不一样的。

Person 类的代码如下：

```
public class Person {
    public static final String nationality;
    private int    age;
    private String name;
    static {
        nationality = "中国";
        System.out.println("静态代码块");
    }
    {
        age = 0;
        System.out.println("非静态代码块");
    }
    public Person(String name) {
        this.name = name;
        System.out.println("构造方法");
    }
    public String toString(){
        String str = nationality+", ";
        str += name + ", ";
        str += age;
        returnstr;
    }
}
```

在静态代码块中为静态常量 nationality 初始化；由于 age 在创建对象时都是 0，因此不需要构造方法为其传递参数，可以在非静态代码块中为其初始化；每个对象都有自己的 name，因此 name 必须在构造方法中初始化。

Test 类的代码如下：

```
public class Test {
```

```
        public static void main(String[] args) {
            System.out.println("程序开始");
            Person p1 = new Person("张三");
            Personp2 = new Person("李四");
            System.out.println(p1);
            System.out.println(p2);
        }
    }
```

运行结果如下：

```
程序开始
静态代码块
非静态代码块
构造方法
非静态代码块
构造方法
中国, 张三, 0
中国, 李四, 0
```

Test 类的主方法执行后，当需要 Person 类时，加载类，执行静态代码块，且只执行一次，然后创建对象 p1，先执行非静态代码块，再执行构造方法。之后再创建对象 p2，又一次执行非静态代码块和构造方法。

这个例子只是介绍静态代码块和非静态代码块的相关知识，实际上也可以不使用非静态代码块，直接在构造方法中初始化年龄。

## 4.6 包

在开发复杂的系统时，通常会有大量的类。为了更好地组织管理这些类，需要对这些类进行分类分组，将密切相关的类分在一组中。Java 提供了包机制，可将密切相关的类放在一个包中。

### 4.6.1 包的定义

Java 使用 package 关键字来定义包，package 关键字后面跟着包名，也就是包的名字（习惯上包名用小写字母）。使用 package 定义包的这条语句必须放在 Java 源程序文件的第一行（当然注释除外）。

例如定义一个名字为 p1 的包，就要在文件的开始处输入下面一行：

```
package p1;
```

定义 p1 包后，在这个文件中定义的所有类就属于这个包。如果包中的类太多，还可以再细分类，定义子包，如 p1.p11、p1.p12 等，包名和子包名之间用“.”连接，如定义 p1 包中的 p11 子包的代码如下：

```
package p1.p11;
```

当然每个文件只能有一个定义包的语句，也就是一个文件中的类肯定是在同一个包中，但在多个文件中可以使用同一个包的定义语句，也就是一个包可以包含多个文件。

**例 4.11** 定义两个包 p1 和 p2，在 p1 包中定义两个类 A 和 B，在 p2 包中定义类 C。再定义一个子包 p1.p11，在该子包中定义类 D。

A.java 文件中的代码：

```
package p1;
public class A {
    private int a;
    int b;
    public int c;
}
```

B.java 文件中的代码：

```
package p1;
public class B {
}
```

C.java 文件中的代码：

```
package p2;
public class C {
}
```

D.java 文件中的代码：

```
package p1.p11;
public class D {
}
```

对照一下 Eclipse 中的包和类(图 4.4 左图)与资源管理器中的文件夹和文件(图 4.4 右图)，可以发现包与文件夹是对应的，包中的子包对应文件夹中的子文件夹。

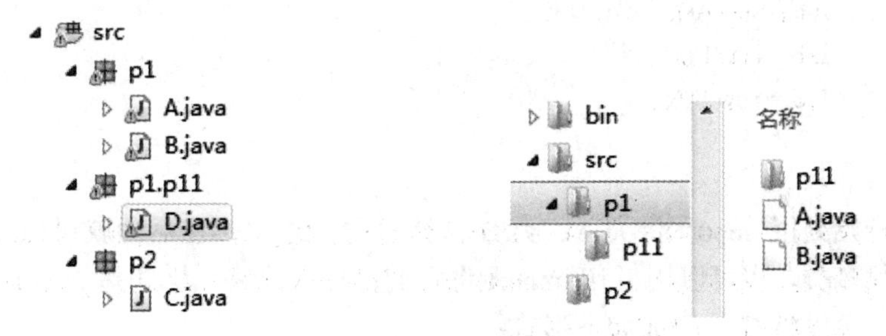


图 4.4　包与文件夹

本节之前定义的类都没有指定哪个包，它们的类文件实际上保存在 src 文件夹中，我们称这些没有指定包的类在默认包中。

有了包的概念，即可在不同的包中定义同名的类，而不会产生混淆。

### 4.6.2　访问其他包中的类

同一个包中的类可以直接使用，而使用其他包中的类则需要告知编译器使用的是哪个包中的类。可以使用两种方法来告知编译器到底使用哪个包中的类，第一种方法是在每次使用时用前缀指定包名，第二种方法是将要使用的类导入到当前文件中。

1. 使用前缀指定包

使用前缀指定类所在包的格式是“包名.类名”。例如在 C 类中使用 A 类可以使用 p1.A，使用 D 类可以使用 p1.p11.D。

例如在C类中增加一个方法fun()，在该方法中创建一个A类对象、一个B类对象和一个D类对象，代码如下：

```
package p2;
public class C {
        public void fun(){
                p1.A a = new p1.A();
                p1.B b = new p1.B();
                p1.p11.D d = new p1.p11.D();
        }
}
```

在每次使用不同包中的类时都要加上包名作为前缀。如果大量地频繁引用其他包中的类，显然是非常麻烦的，因此我们通常使用导入类的方式来使用其他包中的类。

2. 使用import导入类

为了避免每次引用其他包中的类都要加包名前缀，可以使用import将类导入到当前文件中。类被导入后，再使用该类时就可以直接引用了。例如可以将上面的C类改成如下形式：

```
package p2;
import p1.A;
import p1.B;
import p1.p11.D;
public class C {
        public void fun(){
                A a = new A();
                B b = new B();
                D d = new D();
        }
}
```

在文件的开始处用import将类A、类B和类D导入进来，在后面就可以直接使用了。如果一个包中有很多类，也可以用一句import将它们都导入进来，格式是import 包名.*;，用星号表示所有类，可以将C类改成如下形式：

```
package p2;
import p1.*;
import p1.p11.D;
public class C {
        public void fun(){
                A a = new A();
                B b = new B();
                D d = new D();
        }
}
```

当然对D类的导入不能省略，也就是说import p1.*;只是将p1包中的类全部导入，与它的子类没有关系。如果子类中也有很多类需要引用，则可以使用import p1.p11.*;将该子包中的类全部导入。

3. 包访问权限

对于类成员的访问权限，前面已经介绍了 public（公有）和 private（私有）访问权限，公有成员在任何地方都可以访问，私有成员只有在自己的类中才可以访问。

在上面的 A 类中，除了公有成员 a、私有成员 c，还有一个没有指定访问权限的成员 b，称 b 的访问权限为默认访问权限，Java 中的默认访问权限是在同一个包中可以访问，在不同的包中不可以访问。

例如，我们在与类 A 同一个包的 B 类中定义一个方法，在方法中定义一个类 A 的对象，并访问类 A 的三个属性，代码如下：

```
package p1;
public class B {
    public void fun(){
        A a = new A();
        a.a = 10;
        a.b = 20;
        a.c = 30;
    }
}
```

由于 a 是类 A 的私有成员，因此 a.a = 10;存在语法错误，在类 B 中不能访问类 A 的私有成员，而另外两行赋值没有错误。

同样，我们在与类 A 不在同一个包的 C 类中定义一个方法，在方法中定义类 A 的对象，并访问类 A 的三个属性，代码如下：

```
package p2;
import p1.*;
public class C {
    public void fun(){
        A a = new A();
        a.a = 10;
        a.b = 20;
        a.c = 30;
    }
}
```

由于类 A 与类 C 不在同一个包中，前两行赋值语句都有错，只有最后一行赋值语句无错误。

事实上 JDK 中的类非常多，这些类就是按功能放在不同的包中。如我们常用的 System 类、Math 类和 String 类就在 java.long 包中。在后面的学习过程中，我们会遇到 JDK 不同包中的各种类。

## 4.7 对象数组

数组中的元素不仅可以是基本数据类型，也可以是对象，元素是对象的数组也称为对象数组。

下面以学生类为例来介绍对象数组的使用方法。

**例 4.12** 设计学生类，然后在测试类中定义学生对象数组，在数组中保存若干学生的信息并输出。

学生类定义如下：

```
public class Student {
    private String no;
    private String name;
    private int age;
    private double score;
    public Student(String no, String name, int age, double score) {
        super();
        this.no = no;
        this.name = name;
        this.age = age;
        this.score = score;
    }
    public String getNo() {
        return no;
    }
    public void setNo(String no) {
        this.no = no;
    }
    public String getName() {
        return name;
    }
    public void setName(String name) {
        this.name = name;
    }
    public int getAge() {
        return age;
    }
    public void setAge(int age) {
        this.age = age;
    }
    public double getScore() {
        return score;
    }
    public void setScore(double score) {
        this.score = score;
    }
    public String toString(){
        String str = no + ",";
        str += name + ",";
        str += age + ",";
```

```
                str += score;
                return str;
        }
}
```

测试类 Test 的代码如下：

```
public class Test {
        public static void main(String[] args) {
                Student[] s = new Student[5];
                s[0] = new Student("20170101", "张三", 16, 620);
                s[1] = new Student("20170102", "李四", 17, 680);
                s[2] = new Student("20170103", "王五", 20, 650);
                s[3] = new Student("20170104", "赵六", 18, 640);
                s[4] = new Student("20170105", "冯七", 17, 690);
                double score = 0;
                for(int i=0; i<s.length; i++){
                        score += s[i].getScore();
                        System.out.println(s[i]);
                }
                System.out.println("平均成绩: " + score/s.length);
        }
}
```

运行结果如下：

```
20170101, 张三, 16, 620.0
20170102, 李四, 17, 680.0
20170103, 王五, 20, 650.0
20170104, 赵六, 18, 640.0
20170105, 冯七, 17, 690.0
平均成绩: 656.0
```

首先创建对象数组 s，然后创建每个元素引用的对象，通过循环输出每个对象的信息，并对成绩求和，最终输出平均成绩。

对象数组 s 在内存中的存储情况如图 4.5 所示，图中只画出了元素 s[0]和 s[1]所引用的对象，s[2]、s[3]和 s[4]引用的对象未画出。

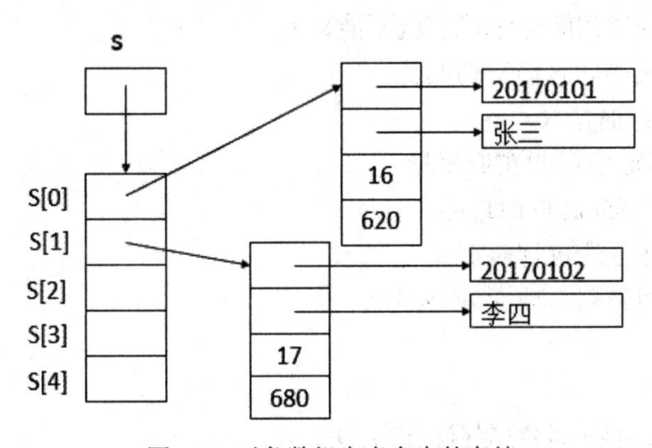


图 4.5　对象数组在内存中的存储

## 4.8 习题

### 一、选择题

1．下列不属于面向对象编程特征的是（　　）。

A．封装　　B．指针操作　　C．多态性　　D．继承

2．下列说法中正确的是（　　）。

A．Java 中包的主要作用是实现跨平台功能

B．package 语句只能放在 import 语句后面

C．package 语句必须放在文件的最前面

D．可以用#include 关键字来标明来自其他包中的类

3．关于构造方法，下列说法中错误的是（　　）。

A．构造方法不可以重载

B．构造方法用来初始化该类的一个新的对象

C．构造方法具有和类名相同的名称

D．构造方法不能指定返回值类型

4．简单变量和引用变量的初始化的区别是（　　）。

A．简单变量的初始化需要为它分配一个数值单元，而引用变量的初始化只需要给它赋一个值即可

B．简单变量的初始化只需要给它赋一个值，而引用变量的初始化需要指向一个存在的对象

C．二者的初始化都需要指向一个存在的单元，但前者需要指向一个数值单元，后者需要指向一个对象

D．二者都需要初始化，因此它们的初始化没有区别

5．关于 final 变量正确的说法是（　　）。

A．最后一次出现的变量

B．就是变量的另一种说法

C．变量在第一次初始化之后值就不能再变

D．只能在定义的同时进行初始化

6．下述说法中正确的是（　　）。

A．用 static 关键字声明实例变量

B．static 必须与 final 同时使用

C．局部变量在方法执行时创建

D．局部变量在使用之前必须初始化

### 二、判断题

1．Java 语言中，任何一个类都有构造方法。

2．使用构造方法只能给实例成员变量赋初值。

3．类是一种类型，也是对象的模板。

4．类中说明的方法可以定义在类体外。

5．在非静态方法中不能引用静态变量。

6．在静态方法中不能引用非静态变量。

7．创建对象时系统将调用适当的构造方法给对象初始化。

8．使用运算符 new 创建对象时，赋给对象的值实际上是一个引用值。

9．对象可作方法参数，对象数组不能作方法参数。

10．class 是定义类的唯一关键字。

## 三、编程题

1．编写一个类实现时钟的功能，属性包括时、分、秒，方法有构造方法、一组 get 和 set 方法、显示时间的方法，编写 Test 类对时钟类进行测试。

2．编写一个类实现复数的运算，要求实现复数加、减、乘等功能，编写 Test 类对复数类进行测试。

3．编程创建一个立方体类 Box，属性包括立方体的长、宽和高，方法包括构造方法、一组 get 和 set 方法、求立方体体积的方法。编写 Test 类对 Box 类进行测试。

4．定义一个学生类 Student，属性包括学号、班号、姓名、性别、年龄、班级总人数，方法包括获得学号、获得班号、获得姓名、获得性别、获得年龄、获得班级总人数、修改学号、修改班号、修改姓名、修改性别、修改年龄，以及一个 toString()方法将 Student 类中的所有属性组合成一个字符串。定义一个学生数组对象。设计 Test 类进行测试。

5．定义一个圆类，属性有半径，除了构造方法和 set、get 方法外，还有一个计算面积和周长的方法。再定义一个圆柱体类，圆柱体类包含一个圆类对象的属性（表示圆柱体底面），还有一个圆柱体高度属性，方法包括计算圆柱体的体积和计算圆柱体的表面积。编写 Test 类进行测试。

# 第 5 章　继承与多态

封装、继承与多态是面向对象程序设计的主要特征，上一章介绍的类实现了封装与数据隐藏，本章介绍的继承则实现代码的复用和多态。

## 5.1　继承的概念与实现

### 5.1.1　继承的概念

继承是在原有类的基础上派生出新类，新类继承原有类的属性和方法，并可以增加新的属性和方法，称原有类为父类（也称为基类或超类），新的类为子类（也称为派生类）。

父类比子类更为抽象和一般化，子类比父类更为具体和个性化。例如，各种形状的图形都有位置坐标、颜色等属性，而任何具体图形除了具有一般图形的属性外，还有自己特殊的属性，如矩形有长和宽，圆形有半径。因此，可以将一般图形定义为一个父类，任何具体图形（如矩形、圆形等）定义为该类的子类。

又比如人类具有的属性有姓名、性别、年龄、身高、体重等，而教师类除了具有人类具有的所有属性之外，还有一些特殊的属性，如专业、职称等；管理人员类除了具有人类的所有属性外，还有职务等特有的属性；学生类除了具有人类的所有属性之外，还有学号、班级、专业等特殊属性。这样就可以将人类作为父类，教师类、管理人员类和学生类作为人类的子类。由于子类继承父类的属性和方法，因此在子类中只需要定义自己特有的属性，如教师类只需定义专业、职称等属性，学生类只需定义学号、班级、专业等属性。教师管理人员（如系主任）类既具有教师类的属性，也具有管理人员类的属性，可以将教师类和管理人员类共同作为教师管理人员类的父类。这样继承就形成一个层次结构，如图 5.1 所示。

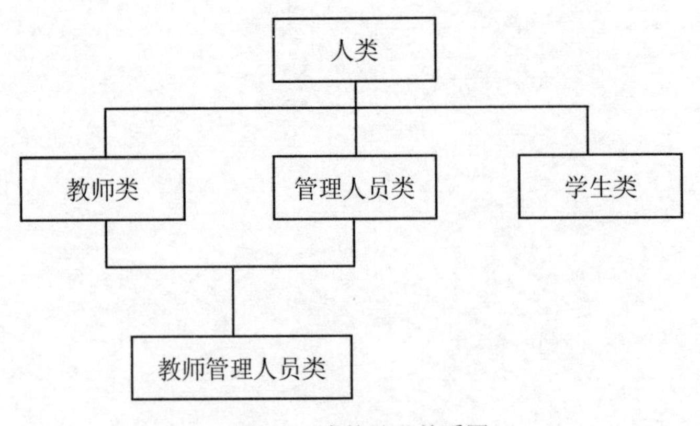


图 5.1　类的继承关系图

在图 5.1 中，教师类、管理人员类和学生类都只有一个父类，即人类，称之为单继承，而教师管理人员类有两个父类，我们将有多于一个父类的继承称为多继承。

由于多继承产生二义性以及重复继承等问题，因此 Java 的类只支持单继承，不支持多继承。但 Java 提供的接口支持多继承，弥补了类不支持多继承的局限性。

### 5.1.2 继承的实现

在 Java 中通过 extends 关键字实现一个类从另外一个类的继承，一般形式如下：

```
class 子类 extends 父类 { }
```

下面通过一个具体的实例来介绍继承的具体实现。

**例 5.1** 先定义点类 Point，属性有 x、y 坐标；再定义形状类 Shape，属性有形状名、填充颜色、轮廓颜色；然后定义 Shape 类的两个子类 Rectangle 和 Circle，Rectangle 除了继承父类的属性外，再增加宽、高和左上角坐标等属性，Circle 除了继承父类的属性外，再增加半径和圆心坐标属性。两个子类分别实现计算矩形和圆形的面积，编写 Test 类测试这几个类。

类 Point 的定义如下：

```
public class Point {
    private int x;
    private int y;
    public Point(int x, int y) {
        this.x = x;
        this.y = y;
    }
    public int getX() {
        return x;
    }
    public void setX(int x) {
        this.x = x;
    }
    public int getY() {
        return y;
    }
    public void setY(int y) {
        this.y = y;
    }
}
```

Point 类比较简单，只有构造方法和 set、get 方法。

类 Shape 的定义如下：

```
public class Shape {
    private String name;
    private String fillColor;
    private String borderColor;
    public Shape() {
    }
    public Shape(String name, String fillColor, String borderColor) {
        this.name = name;
        this.fillColor = fillColor;
```

```
        this.borderColor = borderColor;
    }
    public String getName() {
        return name;
    }
    public void setName(String name) {
        this.name = name;
    }
    public String getFillColor() {
        return fillColor;
    }
    public void setFillColor(String fillColor) {
        this.fillColor = fillColor;
    }
    public String getBorderColor() {
        return borderColor;
    }
    public void setBorderColor(String borderColor) {
        this.borderColor = borderColor;
    }
    public void draw(){
        String str = "Draw    " + name;
        str += " with fillColor: " + fillColor;
        str += " and borderColor: " + borderColor;
        System.out.println(str);
    }
}
```

Shape 类除了构造方法和 get、set 方法外，还定义了一个 draw()方法，本意是要画出形状，但由于学到目前的章节画图还是比较复杂的，因此用输出形状的信息代替了画图。

类 Circle 的定义如下：

```
public class Circle extends Shape {
    private Point center;
    private double radius;
    public Circle(Point center, double radius) {
        super();
        this.center = center;
        this.radius = radius;
    }
    public double getRadius() {
        return radius;
    }
    public void setRadius(double radius) {
        this.radius = radius;
    }
    public Point getCenter() {
        return center;
```

```
        }
        public void setCenter(Point center) {
                this.center = center;
        }
        public double getArea(){
                return Math.PI * radius * radius;
        }
}
```

Circle 类的属性圆心 center 是 Point 类的对象，除了构造方法和 get、set 方法外，还定义了一个计算面积的方法 getArea ()方法。

类 Rectangle 的定义如下：

```
public class Rectangle extends Shape {
        private Point topLeft;
        private double length;
        private double width;
        public Rectangle(Point topLeft, double length, double width) {
                super();
                this.topLeft = topLeft;
                this.length = length;
                this.width = width;
        }
        public Point getTopLeft() {
                return topLeft;
        }
        public void setTopLeft(Point topLeft) {
                this.topLeft = topLeft;
        }
        public double getLength() {
                return length;
        }
        public void setLength(double length) {
                this.length = length;
        }
        public double getWidth() {
                return width;
        }
        public void setWidth(double width) {
                this.width = width;
        }
        public double getArea(){
                return length * width;
        }
}
```

与 Circle 类类似，Rectangle 用一个 Point 对象表示矩形的左上角，同样也定义了一个计算面积的方法 getArea()方法。

Test 类的代码如下：

```
public class Test {
    public static void main(String[] args) {
        Shape s = new Shape("Shape1","Red", "Green");
        Circle c = new Circle(new Point(50,100), 10 );
        Rectangle r= new Rectangle(new Point(100,60), 20,15);
        c.setName("Circle1");
        c.setFillColor("Bleu");
        c.setBorderColor("yellow");
        r.setName("Rect1");
        r.setFillColor("Green");
        r.setBorderColor("Red");
        s.draw();
        c. draw ();
        r. draw ();
        System.out.println(c.getArea());
        System.out.println(r.getArea());
    }
}
```

运行结果如下：

```
Draw   Shape1 with fillColor: Red and borderColor: Green
Draw   Circle1 with fillColor: Bleu and borderColor: yellow
Draw   Rect1 with fillColor: Green and borderColor: Red
314.1592653589793
300.0
```

在主方法中，定义三个类的对象，在创建子类 Circle 和 Rectangle 的对象时，只能为类本身定义的属性提供初值，没有办法为从父类 Shape 继承的属性提供初始化值，因此在创建对象后，通过 set 方法为父类的三个属性赋值，当然这些方法也是从父类继承的。最后三个对象分别调用 draw()方法输出三个对象的信息，并输出圆的面积和矩形的面积。

为了在创建子类对象时能够为从父类继承的属性提供初始化值，需要在子类的构造方法中调用父类的构造方法，在下一节中会详细介绍。

### 5.1.3 protected 权限

前一章我们介绍了公有权限、私有权限和默认的包访问权限，这里再介绍一种保护访问权限，关键字为 protected。

具有保护访问权限的成员，可以被同一个包中的类访问，也可以被其子类访问（不管是不是在同一个包中），也就是在包访问权限的基础上增加可以被子类访问的权限。

例如定义下面的类 A。

```
public class A {
    private int a;
    int b;
    protected int c;
    public int d;
}
```

则属性 a 只有在类 A 中才可以访问；属性 b 在和 A 同一个包中的类可以访问；属性 c 可以被和 A 同一个包中的类访问，也可以被 A 类的子类访问（不管子类在哪个包中）；属性 d 可以在任何地方访问。

### 5.1.4　final 类

如果不希望某个类被继承，也就是不想让其有子类，在定义时可以将其定义为 final 类型，语法如下：

```
public final class A{
}
```

当然，不论是不是 public 类型的类，都可以用 final 将其定义为不能被继承的类（也称为最终类）。如果在程序中试图定义 A 类的子类，将产生语法错误，例如下面的定义就会产生语法错误。

```
public class B extends A{
}
```

JDK 中定义的某些类就是被禁止继承的，如 Math 类、String 类都是 final 类型的。

## 5.2　子类的构造过程

由于子类继承了父类的属性和方法，子类对象包含了父类对象，因此在创建子类对象时，同时也需要将其包含的父类部分创建出来，并为父类的属性初始化，Java 是通过在子类的构造方法中调用父类的构造方法来实现的。但在前面的例子中，子类的构造方法中并没有调用父类构造方法的语句，事实上，如果我们没有在子类的构造方法中写调用父类构造方法的语句，系统会默认调用父类的没有参数的构造方法，并且是先调用父类的构造方法，然后再执行子类的构造方法。

我们可以将例 5.1 的程序稍加修改来验证子类的构造过程是首先调用父类的构造方法，然后再执行子类构造方法的代码。

Shape 类的默认构造方法修改后的代码如下：

```
public Shape() {
    System.out.println("Construct Shape");
}
```

Circle 类的构造方法修改后的代码如下：

```
public Circle(Point center, double radius) {
    System.out.println("Construct Circle");
    this.center = center;
    this.radius = radius;
}
```

Test 类修改后的代码如下：

```
public class Test {
    public static void main(String[] args) {
        Circle c = new Circle(new Point(50,100),10);
    }
}
```

运行结果如下：

```
Construct Shape
Construct Circle
```

根据运行结果，确实是先调用了父类 Shape 的构造方法，然后再执行子类 Circle 的构造方法。

虽然创建子类对象时调用了父类的构造方法，但通过这种默认的调用仍然不能为父类的属性提供初始化参数。事实上，可以在子类的构造方法中通过 super 调用父类的构造方法并传递参数。

**例 5.2** 修改例 5.1 的构造方法，为父类提供初始化数据。分别为 Circle 类和 Rectangle 类增加一个构造方法，使用 super 调用父类的构造方法并传递参数。

为 Circle 类添加一个构造方法，代码如下：

```
public Circle(String name, String fillColor, String borderColor, Point center, double radius) {
    super(name, fillColor, borderColor);
    this.center = center;
    this.radius = radius;
}
```

为 Rectangle 类添加一个构造方法，代码如下：

```
public Rectangle(String name, String fillColor, String borderColor,
            Point topLeft, double length, double width) {
    super(name, fillColor, borderColor);
    this.topLeft = topLeft;
    this.length = length;
    this.width = width;
}
```

修改 Test 类，代码如下：

```
public class Test {
    public static void main(String[] args) {
        Shape s = new Shape("Shape1","Red", "Green");
        Circle c = new Circle("Circle1", "blue", "red", new Point(50,100),10);
        Rectangle r= new Rectangle("Rect1", "Yellow", "Red",new Point(100,60), 20,15);
        s.draw();
        c. draw ();
        r. draw ();
    }
}
```

运行结果如下：

```
Draw   Shape1 with fillColor: Red and borderColor: Green
Draw   Circle1 with fillColor: blue and borderColor: red
Draw   Rect1 with fillColor: Yellow and borderColor: Red
```

在 Circle 类和 Rectangle 类的构造方法中，通过 super 调用父类 Shape 的构造方法，并为父类的属性提供初始化参数，这样就可以在创建子类对象时为子类的所有属性（包括继承的和自己定义的）提供初值。

需要注意的是，子类构造方法中的 super 语句一定要位于方法的第一行，否则会有语法错误，因为要先调用父类的构造方法，然后再执行子类的构造方法。事实上，如果第一行不是 super 语句，系统会自动调用父类没有参数的构造方法，然后在后面又出现了 super 语句，相当于两次调用父类的构造方法，显然是不可以的。

## 5.3　方法的重写

在例 5.2 的主方法中，分别使用 Shape 类、Circle 类和 Rectangle 类的对象调用 draw()方法，能够正确地输出每个对象的信息。由于 draw()是父类 Shape 中定义的方法，只能输出父类中已有的信息，如名称、填充颜色和轮廓颜色等，不能输出子类中新增加的信息，如形状的位置、圆形的半径和矩形的长宽等。

为了输出子类中增加的信息，可以在子类中重写父类中的 draw()方法，也就是说在子类中创建一个与父类方法具有相同的名称、相同的返回值类型和相同的参数列表的方法，可以在这个方法中实现不同于父类的功能。

**例 5.3**　在例 5.2 的基础上，在子类中重写 draw()方法，实现子类新增属性值和父类属性值的同时输出。

在 Circle 类中增加 draw()方法如下：

```
public void draw() {
    super.draw();
    String str = " and radius: " + radius;
    str += " and center: " + center.getX() + "," + center.getY();
    System.out.println(str);
}
```

在 Rectangle 类中增加 draw()方法如下：

```
public void draw() {
    super.draw();
    String str = " and topLeft: " + topLeft.getX() + "," + topLeft.getY();
    str += " and   length: " + length;
    str += "   width: " + width;
    System.out.println(str);
}
```

重新运行 Test 类，运行结果如下：

```
Draw   Shape1 with fillColor: Red and borderColor: Green
Draw   Circle1 with fillColor: blue and borderColor: red
 and radius: 10.0 and center: 50,100
Draw   Rect1 with fillColor: Yellow and borderColor: Red
 and topLeft: 100,60 and   length: 20.0   width: 15.0
```

在 Circle 类和 Rectangle 类的 draw()方法中，首先调用父类的 draw ()方法，输出从父类继承的属性信息，然后再输出子类新增加的属性信息，可以从运行结果的第 3 行和第 5 行分别看到圆心和半径、矩形的左上角和长宽。

由于子类与父类有完全相同的 draw ()方法（指方法名、参数、返回值类型相同），如果在子类的方法中直接调用 draw()方法，则调用的是子类自己的 draw()方法。为了调用父类的被重写的方法，我们使用 super 调用父类的 draw ()方法。

与调用父类的构造方法不同的是，调用父类被重写的方法可以出现在任何位置，不必放在方法的第一行，并且可以多次调用。

方法的重写（也称为方法覆盖）需要遵循以下原则：

（1）重写方法的返回类型、方法名称、参数列表必须与原方法的相同。

（2）重写方法不能比原方法访问性差（即访问权限不允许缩小）。

（3）重写方法不能比原方法抛出更多的异常（异常将在后面介绍）。

（4）被重写的方法不能是 final 类型，因为 final 修饰的方法是无法被重写的。

（5）被重写的方法不能为 private，否则在其子类中只是新定义了一个方法，并没有对其进行重写。

（6）被重写的方法不能为 static。

## 5.4 多态

同一操作（方法）作用于不同的对象，可以有不同的解释，产生不同的执行结果。比如在前面的例题中，父类 Shape 定义了 draw()方法，子类 Circle 和 Rectangle 重写了这一方法，那么用圆类的对象调用 draw()方法应该画出一个圆形，用矩形类的对象调用 draw()方法应该画出一个矩形。

### 5.4.1 多态的实现

Java 实现多态有三个条件，即继承、重写和向上转型。要实现多态首先要存在有继承关系的子类和父类，然后子类对父类中的某些方法进行了重写，最后还要将子类对象赋给父类的引用（向上转型）。

由于在继承层次图中父类在上面，子类在下面，因此将子类对象转换成父类对象称为向上转型。

下面重新设计前面例题中的类，为了简单明了，省略掉其他属性和方法，只保留 draw()方法。

**例 5.4** 重新设计 Shape 类、Circle 类和 Rectangle 类，实现多态。

Shape 类重新定义如下：

```
public class Shape {
    public void draw(){
        System.out.println("Draw a shape.");
    }
}
```

Circle 类重新定义如下：

```
public class Circle extends Shape {
    public void draw() {
        System.out.println("Draw a Circle.");
    }
}
```

Rectangle 类重新定义如下：

```
public class Rectangle extends Shape {
        public void draw() {
                System.out.println("Draw a Rectangle." );
        }
}
```

Test 类重新定义如下：

```
public class Test {
        public static void main(String[] args) {
                Shape s1 = new Shape();
                Shape s2 = new Circle();
                Shape s3= new Rectangle();
                s1.draw();
                s2.draw();
                s3.draw();
        }
}
```

运行结果如下：

```
Draw a shape.
Draw a Circle.
Draw a Rectangle.
```

子类 Circle 和 Rectangle 重写了父类 Shape 的 draw()方法。在测试类的主方法中定义了父类 Shape 的三个引用变量 s1、s2 和 s3，其中 s1 引用 Shape 类对象、s2 引用 Circle 类对象、s3 引用 Rectangle 类对象。用父类的引用变量调用 draw()方法时，会根据具体引用的对象调用不同类的 draw()方法，实现了多态。

将子类对象赋给父类的引用变量相当于把子类对象转换成父类对象使用，称为向上转型。因为子类就是父类更为具体的分类，可以将子类对象直接转换为父类对象。像上面的例题中，圆形、矩形都是一种特定的形状，因此将圆形、矩形当成形状使用是没有任何前提条件的。

### 5.4.2　多态的其他问题

1. 静态绑定与动态绑定

在上面的例子中，通过在子类中重写父类的 draw()方法实现了多态。如果在父类中没有定义 draw()方法，只有子类定义了 draw()方法，则父类的引用变量不能调用 draw()方法，也就不能实现多态。例如将例 5.4 中 Shape 类的 draw()方法删除，变成如下的形式：

```
public class Shape {
}
```

保持其他几个类不变，这时测试类的主方法中下面三个调用 darw()方法的语句都会产生语法错误。

```
s1.draw();
s2.draw();
s3.draw();
```

因为 s1 引用的是 Shape 类对象，Shape 类中没有定义 draw()方法，用 s1 调用 draw()方法当然会产生语法错误。而 s2 和 s3 引用的是 Circle 对象和 Rectangle 对象，为什么也产生语法错误呢？这是因为 s2 和 s3 被定义为 Shape 类型，那么在编译时只允许它调用 Shape 类中存在的方法，调用不存在的方法就会产生错误，而在运行时，会根据 s2 和 s3 引用的具体对象调用对应类的 draw()方法，从而实现了多态。

这种在运行时才能确定调用哪个重写方法的现象也称为动态绑定。而我们在前面章节中介绍的方法重载是在编译时就已经确定了调用哪个重载方法，称之为静态绑定。

2. 向下转型与 instanceof 运算符

通过向上转型实现了多态，但子类对象转换为父类对象后，其子类部分的功能受到限制，比如向上转型后只能调用父类本身定义的方法，不能再调用子类中增加的方法。如果需要调用子类中增加的方法，就必须将父类对象再转回到子类对象，称之为向下转型。

下面以汽车为例来介绍向下转型以及 instanceof 运算符的用法。

**例 5.5** 设计汽车类 Automobile，属性有车轮数和颜色，然后设计两个子类卡车类 Truck 和轿车类 Car，在 Truck 类中增加属性载重量，在 Car 类中增加属性载客量。

Automobile 类的代码如下：

```
public class Automobile {
    protected int wheels;
    protected String color;
    public Automobile(int wheels, String color) {
        this.wheels = wheels;
        this.color = color;
    }
    public void output(){
        System.out.print("Vehicle " + wheels + " " + color);
    }
}
```

Truck 类的代码如下：

```
public class Truck extends Automobile {
    private   double LoadWeight;
    public Truck(int wheels, String color, double loadWeight) {
        super(wheels, color);
        LoadWeight = loadWeight;
    }
    public void output() {
        System.out.print("Truck:\t" + wheels + "\t" + color);
    }
    public void outputLoadWeight() {
        System.out.print("\t" + LoadWeight + "  吨");
    }
}
```

Truck 类重写了父类的 output()方法，同时增加了输出载重量的方法 outputLoadWeight()。

Car 类的代码如下：

```
public class Car extends Automobile {
    private int SeatingCapacity;
    public Car(int wheels, String color, int seatingCapacity) {
```

```
            super(wheels, color);
            SeatingCapacity = seatingCapacity;
        }
        public void output() {
            System.out.print("Car:\t" + wheels + "\t" + color);
        }
        public void outputSeatingCapacity() {
            System.out.print("\t" + SeatingCapacity + "  人");
        }
    }
```

Car 类也重写了父类的 output()方法，并增加了输出载客量的方法 outputSeatingCapacity ()。

设计测试类 Test，代码如下：

```
    public class Test {
        public static void main(String[] args) {
            Automobile[] v = new Automobile[4];
            v[0] = new Truck(6,"Yellow", 20);
            v[1] = new Truck(8,"Blue", 30);
            v[2] = new Car(4,"Red", 5);
            v[3] = new Car(4,"Black", 5);
            for(int i =0; i<v.length; i++){
                v[i].output();
                if(v[i] instanceof Truck){
                    Truck t = (Truck) v[i];
                    t.outputLoadWeight();
                }
                else{
                    Car c = (Car) v[i];
                    c.outputSeatingCapacity();
                }
                System.out.println();
            }
        }
    }
```

运行结果如下：

```
    Truck:    6    Yellow    20.0 吨
    Truck:    8    Blue      30.0 吨
    Car:      4    Red       5 人
    Car:      4    Black     5 人
```

在测试类的主方法中定义了 Automobile 类型的数组，其中前两个元素引用了 Truck 类对象，后两个元素引用了 Car 类对象。在循环中首先调用 output()方法输出车辆的基本信息（类型、车轮数和颜色），由于两个子类都重写了父类的 output()方法，系统会根据引用的具体对象调用对应类的方法。然后要根据汽车的类型（卡车或轿车）分别输出不同的信息，如果是卡车，则输出载重量，如果是轿车，则输出载客量。

虽然 Truck 类定义了输出载重量的方法，Car 类定义了输出载客量的方法，但由于父类 Automobile 并没有定义对应的方法，因此父类的引用变量不能调用子类输出载重量和输出载客量的方法。因此需要将父类对象再转回到子类对象，也就是向下转型。

子类对象可以无条件转换为父类对象，将父类对象转换为子类对象则是有条件的，这个条件就是父类对象必须就是这个子类对象才可以转换。例如在前面的例子中，v[0]和 v[1]本来就是引用的 Truck 对象，因此可以将其转换为 Truck 对象，但不能转换为 Car 对象。同样 v[2]和 v[3]本来就是引用的 Car 对象，因此可以将其转换为 Car 对象，但不能转换为 Truck 对象。这就要求在将父类对象转换为子类对象时，首先判断父类引用变量引用的是不是该子类对象，如果是才可以转换，如果不是，强制转换后在运行时会产生异常。

向下转型时需要判断某个对象是不是某个类的实例，运算符 instanceof 正好可以解决这一问题，instanceof 的使用格式如下：

```
对象 instanceof 类
```

如果上述表达式中的“对象”是表达式中“类”的类型，则表达式的值是 true，否则表达式的值是 false。在上面的程序中，使用 if 语句判断，如果 v[i]引用的是 Truck 对象，则将 v[i]强制转换为 Truck 对象，然后调用 outputLoadWeight()方法，输出卡车的载重量；如果 v[i]引用的不是 Truck 对象，则将 v[i]强制转换为 Car 对象，然后调用 outputSeatingCapacity ()方法，输出轿车的载客量。

## 5.5 抽象类

抽象类是不能实例化的类，也就是不能创建对象的类。例如我们可以创建圆形、矩形、三角形等，但不能创建一个抽象的图形；可以创建猫、狗等对象，但不能创建动物对象。因为图形、动物等都是抽象的概念，我们可以将他们定义为抽象类。

由于抽象类所给出的信息不足，抽象类中的某些方法是不能实现的，比如二维图形都有面积，但是因为不知道具体是什么形状，所以不能给出计算面积的方法，可以将这些方法定义为抽象方法，抽象方法是没有函数体的方法，这些抽象方法在它的子类中给出定义。

定义抽象类和抽象方法的关键字是 abstract。下面我们将重新设计 Shape 类、Circle 类和 Rectangle 类，将 Shape 类定义为抽象类。

**例 5.6** 设计抽象类 Shape 和它的两个子类 Circle 类和 Rectangle 类。

Shape 定义如下：

```
public abstract class Shape {
    private String name;
    private String fillColor;
    private String borderColor;
    public Shape(String name, String fillColor, String borderColor) {
        this.name = name;
        this.fillColor = fillColor;
        this.borderColor = borderColor;
    }
    public abstract double getArea();
}
```

使用 abstract 将 Shape 定义为抽象类，由于不知道如何计算形状的面积，将方法 getArea()定义为抽象方法。

Circle 类定义如下：

```
public class Circle extends Shape {
    private double radius;
    public Circle(String name, String fillColor, String borderColor, double radius) {
        super(name, fillColor, borderColor);
        this.radius = radius;
    }
    public double getArea(){
        return Math.PI * radius * radius;
    }
}
```

在 Circle 类中给出了 getArea()方法的定义，因此 Circle 类中的 getArea()方法不再是抽象方法。

Rectangle 类定义如下：

```
public class Rectangle extends Shape {
    private double length;
    private double width;
    public Rectangle(String name, String fillColor, String borderColor,
                                     double length, double width) {
        super(name, fillColor, borderColor);
        this.length = length;
        this.width = width;
    }
    public double getArea(){
        return length * width;
    }
}
```

Test 类定义如下：

```
public class Test {
    public static void main(String[] args) {
        Shape s1 = new Circle("Circle1", "blue", "red", 10);
        Shape s2 = new Rectangle("Rect1", "Yellow", "Red",20,15);
        System.out.println(s1.getArea());
        System.out.println(s2.getArea());
    }
}
```

运行结果如下：

```
314.1592653589793
300.0
```

在Test类的主方法中，定义了两个Shape类的引用变量，并分别引用Circle对象和Rectangle对象，也就是父类引用变量引用了子类对象。然后分别调用 getArea()方法计算圆形面积和矩形面积。

由于 Shape 是抽象类，因此不能创建 Shape 类的对象，如果有创建 Shape 对象的语句将产生语法错误。

含有抽象方法的类一定是抽象类，例如 Shape 类中的 getArea()方法是抽象方法，Shape 类一定要声明为抽象类，去掉类前面的 abstract 将产生语法错误。不包含抽象方法的类也可以定义为抽象类，例如即使 Shape 类中没有抽象方法 getArea()，也可以将 Shape 类定义为抽象类。

如果父类中的抽象方法在子类中没有给出定义，则子类仍然是一个抽象类，必须在类名的前面加 abstract 关键字。只有子类将父类中的所有抽象方法都实现了，这个子类才不是抽象类。

## 5.6 Object 类

Object 类是所有 Java 类的父类，我们在定义一个类时，如果不指定其父类，则其默认的父类就是 Object 类。Object 类位于 java.lang 包中，该包中的类不需要导入就可以直接应用。在 Object 类中定义了一些通用的方法，例如比较常用的 toString()方法、equals()方法等。可以在自己的类中直接调用这些 Object 已经定义的方法，也可以重写这些方法完成不同的任务。下面分别介绍 toString()方法和 equals()方法。

### 5.6.1 toString()方法

Object 类的 toString()方法返回一个字符串，该字符串由类名、@和此对象哈希码的无符号十六进制表示组成。

例如将例 5.6 的主方法改为如下：

```
public class Test {
    public static void main(String[] args) {
        Shape s1 = new Circle("Circle1", "blue", "red", 10);
        Shape s2 = new Rectangle("Rect1", "Yellow", "Red",20,15);
        System.out.println(s1);
        System.out.println(s2);
    }
}
```

运行结果如下：

```
chapter5.tostr.Circle@61de33
chapter5.tostr.Rectangle@14318bb
```

在使用 System,out.println()输出一个对象时，自动调用 toString()方法将对象的信息输出。s1 引用的是 Circle 对象，输出的第一部分内容是对应的类名（包括包名），符号@后面的第二部分内容是该对象的哈希码。s2 引用的是 Rectangle 对象，同样输出的内容也是由类名、@符号和对象的哈希码组成。

如果我们希望输出对象的更详细信息，可以通过重写 toString()方法实现。

**例 5.7** 在例 5.6 的 Circle 类和 Rectangle 类中重写 toString()方法，输出圆和矩形的属性值。

在 Circle 类中重写 toString()方法如下：

```
public String toString() {
    return "圆  半径：" + radius;
}
```

在 Rectangle 类中重写 toString()方法如下：

```
public String toString() {
    return "矩形　长*宽：" + length + "*" + width;
}
```

其他代码保持不变，程序运行结果如下：

```
圆 半径：10.0
矩形　长*宽：20.0*15.0
```

由于 Circle 类和 Rectangle 类都重写了 toString()方法，再用 System,out.println()输出 Circle 类或 Rectangle 类的对象时，输出的内容是对应类的 toString()方法的返回值。

### 5.6.2　equals()方法

比较两个基本类型的数据是否相等，可用关系运算符“==”，但是对于两个对象是否相等就不能使用这个关系运算符了。因为使用关系运算符比较两个对象，比较的是两个引用变量引用的是不是同一个对象，如果是同一个对象，结果为 true，如果不是同一个对象，即使两个对象的属性都一样，结果也是 false。

Object 类中的 equals()方法用于比较两个对象是否相等，我们可以在自己的类中重写 equals()方法来定义自己的比较规则。下面以 String 类为例观察 equals()方法是如何发挥作用的。

**例 5.8**　比较两个 String 对象是否相等。代码如下：

```
public class StringEqualsTest {
    public static void main(String[] args) {
        String str1 = new String("Java");
        String str2 = new String("Java");
        String str3 = str1;
        System.out.println(str1==str2);
        System.out.println(str1==str3);
        System.out.println(str1.equals(str2));
        System.out.println(str1.equals(str3));
    }
}
```

运行结果如下：

```
false
true
true
true
```

程序中引用变量 str1、str2 和 str3 引用的字符串都是“Java”，其中 str1 和 str3 引用的是同一个对象，str2 引用的是另一个对象。用关系运算符判断 str1 和 str2 时，结果是不相等的，用关系运算符判断 str1 和 str3 时，结果是相等的。在用 equals()方法判断时，str1 和 str2 以及 str1 和 str3，都是相等的。

因此，如果我们要比较两个引用变量是不是引用同一个对象，使用关系运算符；如果比较两个引用变量引用的对象内容是否相等，使用 equals()方法。

然而，Object 类的 equals()方法仍然比较的是两个引用变量是不是引用同一个对象，因为在 Object 类中并不知道其子类的比较规则，无法实现判断两个对象的内容是否一致。上面的程序之所以能够使用 equals()方法判断两个字符串内容是否一样，是因为 String 类重写了 equals()方法。

下面来修改例 5.5 的主方法，测试一下使用 equals()方法判断两个对象是否相等的结果。改写后的代码如下：

```
public class Test {
    public static void main(String[] args) {
        Shape s1 = new Circle("Circle1", "blue", "red", 10);
        Shape s2 = new Circle("Circle1", "blue", "red", 10);
        Shape s3 = new Rectangle("Rect1", "Yellow", "Red",20,15);
        Shape s4 = new Rectangle("Rect1", "Yellow", "Red",20,15);
        System.out.println(s1==s2);
        System.out.println(s1.equals(s2));
        System.out.println(s3==s4);
        System.out.println(s3.equals(s4));
    }
}
```

运行结果如下：

```
false
false
false
false
```

由于没有重写 equals()方法，虽然 s1 与 s2 的内容相同，s3 与 s4 的内容相同，但不论是用关系运算符还是用 equals()方法，判断的结果都是不相等。

下面重写 Circle 类和 Rectangle 类中的 equals ()方法，实现判断两个对象是否相同的比较。

**例 5.9** 比较两个圆对象以及两个矩形对象是否相等。这里我们规定，两个圆相等的含义是两个圆的半径相等，两个矩形相等是两个矩形的长和宽分别相等。

Shape 类定义如下：

```
public abstract class Shape {
    private String name;
    public Shape(String name) {
        this.name = name;
    }
    public String getName() {
        return name;
    }
    public void setName(String name) {
        this.name = name;
    }
    public abstract double getArea();
}
```

Circle 类定义如下：

```
public class Circle extends Shape {
    private double radius;
```

```
    public Circle(String name, double radius) {
        super(name);
        this.radius = radius;
    }
    public double getArea(){
        return Math.PI * radius * radius;
    }
    public boolean equals(Object obj) {
        if(obj instanceof Circle){
            Circle c = (Circle) obj;
            if(c.radius==this.radius)
                return true;
            else
                return false;
        }
        else{
            return false;
        }
    }
}
```

equals()方法的参数是 Object 类型，首先判断参数是否是 Circle 对象，如果不是则返回 false，如果是再判断二者的半径是否相等，相等返回 true，不相等返回 false。

Rectangle 类定义如下：

```
public class Rectangle extends Shape {
    private double length;
    private double width;
    public Rectangle(String name,double length, double width) {
        super(name);
        this.length = length;
        this.width = width;
    }
    public double getArea(){
        return length * width;
    }
    public boolean equals(Object obj) {
        if(obj instanceof Rectangle){
            Rectangle r = (Rectangle) obj;
            if( (r.width==this.width)&& (r.length==this.length) )
                return true;
            else
                return false;
        }
        else{
            return false;
        }
    }
}
```

Rectangle 类的 equals()方法与 Circle 类的 equals()方法类似，矩形比较的是长和宽。

Test 类的代码如下：

```
public class Test {
    public static void main(String[] args) {
        Shape s1 = new Circle("Circle1", 10);
        Shape s2 = new Circle("Circle2", 10);
        Shape s3 = new Circle("Circle3", 20);
        Shape s4 = new Rectangle("Rect1",20,15);
        Shape s5 = new Rectangle("Rect2", 20,15);
        Shape s6 = new Rectangle("Rect3", 30,15);
        System.out.println(s1.equals(s2));
        System.out.println(s1.equals(s3));
        System.out.println(s1.equals(s4));
        System.out.println(s4.equals(s5));
        System.out.println(s4.equals(s6));
    }
}
```

运行结果如下：

```
true
false
false
true
false
```

在测试类的主方法中定义了三个 Circle 对象和三个 Rectangle 对象。s1 和 s2 都是 Circle 对象，并且半径相等，因此二者相等；s1 和 s3 都是 Circle 对象，但半径不相等，因此二者不相等；s4 是 Rectangle 对象，不是 Circle 对象，因此 s1 和 s4 不相等；s4 和 s5 都是 Rectangle 对象，并且长和宽分别相等，因此二者相等；s4 和 s6 都是 Rectangle 对象，但是二者的长不相等，因此 s4 和 s6 不相等。

当然，我们也可以把相等的概念重新定义，比如如果两个矩形的面积相等就认为是相等，或者两个对象的所有属性都相等才是相等。下面我们修改 Circle 类和 Rectangle 类的 equals()方法，将相等定义为两个对象的所有属性值都相等。

修改后，Circle 类的 equals()方法定义如下：

```
public boolean equals(Object obj) {
    if(obj instanceof Circle){
        Circle c = (Circle) obj;
        if((c.radius==this.radius)&&(c.getName().equals(this.getName())))
            return true;
        else
            return false;
    }
    else{
        return false;
    }
}
```

修改后，Rectangle 类的 equals()方法定义如下：

```
public boolean equals(Object obj) {
    if(obj instanceof Rectangle){
        Rectangle r = (Rectangle) obj;
        if( (r.width==this.width)&& (r.length==this.length)
                    &&(r.getName().equals(this.getName())))
            return true;
        else
            return false;
    }
    else{
        return false;
    }
}
```

请读者自己设计 Test 类，测试两个类的 equals()方法。

## 5.7 接口

接口常常代表一个角色，比如职工是一个类的概念，而工程师、教师、医生等可以看成是职工的角色，如果某个职工扮演工程师的角色，他就是工程师，如果扮演教师的角色，他就是教师。当然要扮演工程师的角色就必须具有工程师的能力，要扮演教师的角色就必须具有教师的能力，这些能力通常体现为一组方法，可将这些方法封装在一个接口中。

### 5.7.1 接口的定义和实现

Java 中的一个接口（interface）通常是一些抽象方法的集合，或者还包含一组 public、static、final 的属性。

接口使用关键字 interface 定义，类要扮演什么角色，就必须实现相应的接口，在 Java 中用 implements 关键字指定某个类实现某个接口，如果一个类要扮演多个角色，则该类就要实现多个接口。

**例 5.10**　定义飞行接口 Flyable，包含一个飞行方法；然后定义战斗机 Fighter 类和鸟 Bird 类，这两个类都实现飞行接口。

接口 Flyable 的代码如下：

```
public interface Flyable {
    public void fly();
}
```

Fighter 类的代码如下：

```
public class Fighter implements Flyable {
    private String   type;
    private double combatRadius;
    public Fighter(String type, double combatRadius) {
        this.type = type;
        this.combatRadius = combatRadius;
```

```
        }
        public void fly() {
            System.out.println("Fly by engine");
        }
    }
```

Fighter 类有两个属性：型号和作战半径，并实现 Flyable 接口。

Bird 类的代码如下：

```
    public class Bird implements Flyable {
        private String name;
        private double weight;
        public Bird(String name, double weight) {
            this.name = name;
            this.weight = weight;
        }
        public void fly() {
            System.out.println("Fly by wings");
        }
    }
```

Bird 类也有两个属性：名字和重量，并实现 Flyable 接口。

Fighter 类和 Bird 类都实现了 Flyable 接口，因此都必须实现接口中的 fly()方法，否则就要将 Fighter 类和 Bird 类定义为抽象类。当然两个类对 fly()方法具有不同的实现，战斗机通过发动机的动力实现飞行，而鸟通过翅膀实现飞行。因此接口定义的是某项功能，实现接口的类定义的是功能的具体实现。

测试类 Test 的代码如下：

```
    public class Test {
        public static void main(String[] args) {
            Fighter f1 = new Fighter("J-10",1100);
            Bird b1 = new Bird("鹦鹉 A", 0.5);
            f1.fly();
            b1.fly();
        }
    }
```

运行结果如下：

```
Fly by engine
Fly by wings
```

接口中定义的方法都是抽象方法，因此接口不能实例化，但可以定义接口类型的引用变量。例如可以将上面的测试类定义为如下形式：

```
    public class Test {
        public static void main(String[] args) {
            Flyable fly1 = new Fighter("J-10",1100);
            Flyable fly2 = new Bird("鹦鹉", 0.5);
            fly1.fly();
            fly2.fly();
        }
    }
```

运行结果与前面的结果一样。

使用接口的引用变量引用实现这个接口的类的对象，是多态的另一种实现方式。

使用接口时应注意以下一些规定：

（1）接口不能用于实例化对象，因此接口也没有构造方法。

（2）接口中所有的方法必须是抽象方法。

（3）接口中的属性只能是 static 和 final 类型。

（4）接口支持多继承，即一个接口可以有两个以上的父接口。

（5）一个类可以实现多个接口。

### 5.7.2　Arrays 类与 Comparable 接口

Arrays 是 java.util 包中定义的用于数组操作的类，类中定义了如数组复制、排序、二分查找等大量方法。对于基本类型的数组，可以直接使用这些方法实现数组的各种操作，对于对象数组，如果要实现排序、二分查找等操作，就要提供两个元素大小的比较方法。在第 3 章中已经使用 Arrays 实现了数组的排序，下面将对 Arrays 进行详细介绍，首先使用 Arrays 类对基本类型的数组进行操作，然后再介绍如何操作对象数组。

1. 用 Arrays 类处理基本数据类型的数组

**例 5.11**　使用 Arrays 类对整型数组进行复制。

```
public class ArrayCopyTest {
    public static void main(String[] args){
        int[] a = {39,28,65,98,21,43,12,80,22,37};
        int[] b = Arrays.copyOf(a,a.length);
        b[4] = 100;
        int[] c = Arrays.copyOf(a, 5);
        int[] d = Arrays.copyOf(a, 15);
        for(int i=0; i<a.length; i++)
            System.out.print(a[i] + " ");
        System.out.println();
        for(int i=0; i<b.length; i++)
            System.out.print(b[i] + " ");
        System.out.println();
        for(int i=0; i<c.length; i++)
            System.out.print(c[i] + " ");
        System.out.println();
        for(int i=0; i<d.length; i++)
            System.out.print(d[i] + " ");
    }
}
```

运行结果如下：

```
39 28 65 98 21 43 12 80 22 37
39 28 65 98 100 43 12 80 22 37
39 28 65 98 21
39 28 65 98 21 43 12 80 22 37 0 0 0 0 0
```

copyOf 方法实现了数组的复制，返回复制的数组的引用。如果直接使用赋值语句 b=a;，则不是复制，而是两个引用变量引用的是同一个数组。

copyOf 方法的第一个参数是要复制的数组，第二个参数是要复制元素的个数，如果第二个参数小于数组的长度，则后面的元素不被复制；如果第二个参数大于数组的长度，则多出的元素用 0 填充。

**例 5.12** 使用 Arrays 类对整型数组进行排序，二分法查找。

```
public class ArraySortTest {
    public static void main(String[] args){
        int[] a = {39,28,65,98,21,43,12,80,22,37};
        for(int i=0; i<a.length; i++)
            System.out.print(a[i] + " ");
        System.out.println();
        Arrays.sort(a);
        for(int i=0; i<a.length; i++)
            System.out.print(a[i] + " ");
        System.out.println();
        int index1 = Arrays.binarySearch(a, 43);
        int index2 = Arrays.binarySearch(a, 66);
        System.out.println(index1);
        System.out.println(index2);
    }
}
```

运行结果如下：

```
39 28 65 98 21 43 12 80 22 37
12 21 22 28 37 39 43 65 80 98
6
-9
```

sort()方法实现数组的升序排序，binarySearch()方法使用二分法查找指定的元素，如果找到返回元素的位置索引，如果找不到返回一个负数。在使用 binarySearch()方法前，需要对数组进行排序。

2. 用 Arrays 类处理对象数组

用 Arrays 类为对象数组排序，要求相应的类必须实现 Comparable 接口。Comparable 接口是在 java.lang 包中定义的，在接口中唯一的 compareTo()方法中定义比较规则。

**例 5.13** 设计 Student 类，使用 Arrays 类为 Student 类的对象数组排序。

Student 类的代码如下：

```
public class Student implements Comparable<Student>{
    private String name;
    private int age;
    private int score;
    public Student(String name, int age, int score) {
        this.name = name;
        this.age = age;
        this.score = score;
    }
    public String toString() {
```

```
            return name + "  :  "+age+ "  :  " + score;
        }
        public int compareTo(Student stu) {
            if(this.age < stu.age){
                return  -1;
            }
            else if(this.age == stu.age){
                return 0;
            }
            else{
                return 1;
            }
        }
    }
```

Student 类实现 Comparable 接口，在 compareTo()方法中定义比较规则。由于 Student 类的 compareTo()方法的参数是 Student 类型，因此可以在定义 Student 类时通过下面的方法指定：

```
    public class Student implements Comparable<Student>{
    }
```

这样表明，实现这个接口要比较的是 Student 对象，也就是指定了 compareTo()方法的参数类型。

这里，我们在 compareTo()方法中定义比较的关键值是学生的年龄。

设计测试类 Test 的代码如下：

```
    public class Test {
        public static void main(String[] args) {
            Student[] stu = new Student[5];
            stu[0] = new Student("A",22,88);
            stu[1] = new Student("B",25,80);
            stu[2] = new Student("C",21,92);
            stu[3] = new Student("D",19,84);
            stu[4] = new Student("E",20,85);
            Arrays.sort(stu);
            for(int i=0; i<stu.length; i++)
                System.out.println(stu[i]);
        }
    }
```

运行结果如下：

```
    D  :  19  :  84
    E  :  20  :  85
    C  :  21  :  92
    A  :  22  :  88
    B  :  25  :  80
```

首先创建 Student 类数组，并创建 5 个数组元素，然后使用 Arrays 类对数组排序，由输出结果可以看到已经按升序排好序了。

由于在 compareTo()方法中比较的是年龄，只能按年龄排序，如果希望按成绩排序，就需要修改 compareTo()方法，将比较规则定义为比较成绩，这显然是比较麻烦的，特别是当有时需要按年龄排序，有时又需要按成绩排序，这种方法就很难满足。Java 还为我们提供了另外一个实现方法，就是使用比较器 Comparator，Comparator 是 java.util 包中定义的接口，可以定义多个比较器，在排序时根据需要选择不同的比较器。

**例 5.14** 使用比较器，对 Student 类的对象数组分别按年龄和成绩排序。

首先在 Student 类中添加年龄和成绩的 get 方法，然后设计两个比较器，年龄比较器 CompareAge 的代码如下：

```
public class CompareAge implements Comparator<Student> {
    public int compare(Student stu1, Student stu2) {
        if(stu1.getAge() < stu2.getAge()){
            return  -1;
        }
        else if(stu1.getAge() == stu2.getAge()){
            return 0;
        }
        else{
            return 1;
        }
    }
}
```

CompareAge 实现 Comparator 接口，在 compare()方法中定义比较规则，这里比较的是两个学生的年龄。

成绩比较器 CompareScore 的代码如下：

```
public class CompareScore implements Comparator<Student> {
    public int compare(Student stu1, Student stu2) {
        if(stu1.getScore() < stu2.getScore()){
            return  -1;
        }
        else if(stu1.getScore() == stu2.getScore()){
            return 0;
        }
        else{
            return 1;
        }
    }
}
```

CompareScore 与 CompareAge 类似，只是将比较规则定义为比较成绩。

修改 Test 类，代码如下：

```
public class Test {
    public static void main(String[] args) {
        Student[] stu = new Student[5];
        stu[0] = new Student("A",22,88);
        stu[1] = new Student("B",25,80);
        stu[2] = new Student("C",21,92);
```

```
            stu[3] = new Student("D",19,84);
            stu[4] = new Student("E",20,85);
            Arrays.sort(stu,new CompareAge());
            for(int i=0; i<stu.length; i++)
                System.out.println(stu[i]);
            System.out.println("====================");
            Arrays.sort(stu,new CompareScore());
            for(int i=0; i<stu.length; i++)
                System.out.println(stu[i]);
        }
    }
```

运行结果如下：

```
D : 19 : 84
E : 20 : 85
C : 21 : 92
A : 22 : 88
B : 25 : 80
==================
B : 25 : 80
D : 19 : 84
E : 20 : 85
A : 22 : 88
C : 21 : 92
```

Arrays 的 sort()方法的第二个参数表示排序所使用的比较器。如果不提供第二个参数，则根据元素的自然顺序对数组进行排序，这里的自然顺序是由 Comparable 接口的 compareTo()方法定义的。

第一次排序使用年龄比较器，输出结果是按年龄升序排好序的，第二次排序使用成绩比较器，输出的结果是按成绩升序排好序的。

如果每次排序都提供比较器，Student 类就不必实现 Comparable 接口了。

如果希望降序排序，只需改变 compare()方法中的比较规则，将返回 1 和-1 的两个分支互换一下即可。

## 5.8　Java 垃圾回收机制

学过 C++的读者都知道，在程序中动态申请的内存（如创建的对象），用完之后要由程序释放该内存空间，否则该内存空间就会一直被占用，直到程序结束运行。

而在 Java 程序中，我们可以不用关心内存的管理，将其交给 Java 虚拟机完成。Java 的垃圾回收机制是 Java 虚拟机提供的能力，用于在空闲时间以不定时的方式动态回收无任何引用的对象占据的内存空间。

在 Java 中是通过引用来和对象进行关联的，也就是说如果要操作对象，必须通过引用来进行，因此如果一个对象没有任何引用与之关联，则说明该对象已不可能在其他地方被使用到，那么这个对象就成为可被回收的对象了。

如果希望尽快执行一次垃圾内存回收动作，我们可以在程序中调用一次 System.gc();来通知 Java 虚拟机需要进行一次垃圾回收。

内存被收回时，该内存中的对象将被销毁，如果希望在对象销毁之前执行某些操作，可以重写 Object 类的 finalize()方法。

**例 5.15** 对象销毁前的处理，设计 Student 类，编写测试类 Test。

Student 类的代码如下：

```
class Student {
    private String name;
    public Student(String name) {
        this.name = name;
        System.out.println("Construct: " + name);
    }
    protected void finalize() {
        System.out.println("Finalize: " + name);
    }
}
```

Student 类只有一个属性、一个构造方法和重写的 finalize()方法。在构造方法和 finalize()方法中都有一行输出语句，用于判断是什么时候调用了这些方法。

测试类 Test 的代码如下：

```
public class Test {
    public static void main(String[] args) {
        Student s1 = new Student("S1");
        Student s2 = new Student("S2");
        Student s3 = fun();
        s1 = null;
        System.gc();
        for(int i =0; i< 99999; i++)
            ;
        Student s4 = new Student("S4");
    }
    static Student fun(){
        Student s5 = new Student("S5");
        Student s6 = new Student("S6");
        return s5;
    }
}
```

运行结果如下：

```
Construct: S1
Construct: S2
Construct: S5
Construct: S6
Finalize: S6
Finalize: S1
Construct: S4
```

首先在测试类的主方法中创建两个对象 s1 和 s2，然后调用 fun()方法，又创建两个对象 s5 和 s6，因此调用 4 次构造方法。fun()方法执行完后，将 s5 作为返回值返回到主方法，这时 fun()方法中创建的对象 s6 已经没有引用它的变量了，而 s3 此时引用的是 fun()方法中创建的对象 s5。随后将 s1 赋值为 null，因此在测试类的主方法中创建的第一个对象也没有引用它的变量了。这时执行 gc()方法，通知虚拟机要进行垃圾回收，通过循环消耗一定的时间，这时我们在输出结果中看到了两次执行 finalize()方法。最后又创建一个对象 s4，在输出结果中可以看到调用了构造方法。

如果程序中没有用循环来消耗时间，则可能看不到 finalize()方法的执行，这也证明调用 gc()方法只是通知虚拟机希望进行垃圾回收操作，并不能保证立即执行。

## 5.9　习题

### 一、选择题

1. 关键字 super 的作用是（　　）。
   A. 用来访问父类被隐藏的成员变量
   B. 用来调用父类中被重载的方法
   C. 用来调用父类的构造函数
   D. 以上都是
2. 以下关于继承的叙述中正确的是（　　）。
   A. 在 Java 中类只允许单继承
   B. 在 Java 中一个类只能实现一个接口
   C. 在 Java 中一个类不能同时继承一个类和实现一个接口
   D. 在 Java 中接口只允许单继承
3. 关于对象的删除，下列说法中正确的是（　　）。
   A. 必须由程序员完成对象的清除
   B. Java 把没有引用的对象作为垃圾收集起来并释放
   C. 只有当程序中调用 System.gc()方法时才能进行垃圾收集
   D. Java 中的对象都很小，一般不进行删除操作
4. 下列对抽象方法的描述中正确的是（　　）。
   A. 可以有方法体　　B. 可以出现在非抽象类中
   C. 是没有方法体的方法　　D. 抽象类中的方法都是抽象方法
5. 下列关于重写与重载的描述中正确的是（　　）。
   A. 重写只发生在父类与子类之间，而重载可以发生在同一个类中
   B. 重写方法可以不同名，而重载方法必须同名
   C. final 修饰的方法可以被重写，但不能被重载
   D. 重写与重载是同一回事
6. 下列有关 Java 中接口的说法中正确的是（　　）。
   A. 接口中含有具体方法的实现代码

B．若一个类要实现一个接口，则用到 implements 关键字
C．若一个类要实现一个接口，则用到 extends 关键字
D．接口不允许继承

7．protected 级的成员可以被访问的位置是（　　）。
A．父类或同一包的其他类　　B．所有类
C．不同包的其他类　　D．子类或同一包的其他类

8．子类和父类的构造方法的调用顺序是（　　）。
A．只调用子类的构造方法
B．只调用父类的构造方法
C．先调用子类的构造方法，再调用父类的构造方法
D．先调用父类的构造方法，再调用子类的构造方法

9．下列关于抽象类子类的描述中正确的是（　　）。
A．不是抽象类
B．如果子类实现了某个抽象方法，则不再是抽象类
C．还是抽象类
D．如果子类实现了所有的抽象方法，则不再是抽象类

10．当父类的引用变量指向子类对象时，对于同名的方法（　　）。
A．调用子类的方法　　B．先调用父类的方法再调用子类的方法
C．调用父类的方法　　D．先调用子类的方法再调用父类的方法

## 二、判断题

1．重写的方法的访问权限不能比被重写的方法的访问权限高。
2．Java 程序里，创建新的对象用关键字 new，回收无用的类对象使用关键字 free。
3．Java 有垃圾回收机制，内存回收程序可在程序指定的时间释放内存对象。
4．拥有 abstract 方法的类是抽象类，但抽象类中可以没有 abstract 方法。
5．抽象类不能实例化，也就是说不能有自己的对象。
6．调用 System.gc()方法不能保证 JVM 立即进行垃圾收集，而只能是建议。
7．在构造方法中如调用 super()语句，则必须使其成为构造方法中的第一条语句。
8．在一个抽象类中不能定义构造方法。

## 三、编程题

1．设计抽象类 Animal，包含 name、age 等属性和抽象方法 run()，再设计 Animal 类的子类 Bird 类和 Fish 类，在 run()方法中定义自己的 run 方式。在测试类中定义父类引用变量，并引用子类对象，调用 run()方法，观察多态性。

2．定义 USB 接口，接口中有 read()和 write()方法，定义 U 盘 UDisk 类和移动硬盘 MobileHardDisk 类，这两个类都实现 USB 接口，在 read()和 write()方法中分别实现自己的读写方法。再设计计算机 Computer 类，这里先不关心 CPU、内存等其他部件，在 Computer 类中一定要包含一个 USB 接口类型的属性，并包含一个计算机的读和写方法，计算机的读写方法只需要调用其接口的读写方法。最后设计 Test 类，创建计算机对象、U 盘对象和移动硬盘

对象，分别将 U 盘和移动硬盘连接到计算机上进行读写操作，观察不同的输出结果。

3．设计职工类 Employee，包含姓名、年龄、工资等属性，设计两个比较器类，一个用于比较职工的年龄，一个用于比较职工的工资，在测试类中定义 Employee 对象数组，并创建数组中的元素，分别按年龄升序和工资降序输出所有职工的信息。

4．设计一个时间类 Time，包含时、分、秒三个属性，以及构造方法和 get、set 方法，重写 equals()方法，比较两个时间是否相同。定义钟表类 Clock，包含两个属性，一个是价格，一个是时间（Time 类的引用变量），方法有构造方法和 get、set 方法。再定义钟表的子类闹表类 AlarmClock，有音量和响铃时间（Time 类型）两个属性，除了构造方法和 get、set 方法外，还有一个响铃方法，在响铃方法中判断当前时间是否是响铃时间，如果是就响铃（可以输出一行信息表示）。设计测试类 Test，定义 Clock 类和 AlarmClock 对象，测试两个类的各项功能。

# 第 6 章　常用类

在 Java 的 JDK 中提供了各种实用类，通常称为 API（Application Programming Interface），这些类按功能不同分别被放到了不同的包中，供编程使用。Java 中的包划分为：语言包 java.lang、输入/输出包 java.io、实用程序包 java.util、小应用程序包 java.applet、图形用户接口包 java.swing 和 java.awt、网络包 java.net 等。本章主要介绍这些常用类的使用。

## 6.1　Java 常用包的介绍

1. java.lang 包

Java 语言的核心部分就是 java.lang 包，它定义了 Java 中的大多数基本的类。每个 Java 程序都自动导入 java.lang 包，由此可见该包的重要性。

java.lang 包中包含了 Object 类，java.lang.Object 类是 Java 中整个类层次结构的根结点，这个软件包还定义了基本数据类型的类：String、Boolean、Character、Byte、Integer、Short、Long、Float 和 Double 等。这些类支持数字类型的转换操作。java.lang 包中的其他类还有：

- Class：为运行时搜集的信息，如对 instanceof 操作符提供支持。
- Math：提供像 PI 和 E 这样的数学常数及各种函数。
- System：提供对操作系统的访问，包括默认的 I/O 流、环境变量、自动垃圾收集、系统时间和系统属性，许多 System 方法可访问 Runtime 类的方法。
- Runtime：提供对操作系统的访问，使用 java.lang.Runtime 可以使应用程序容易与它所运行的环境协调。
- Thread：Thread 和 java.lang.Runnable 接口协同作用提供对 Java 中多线程的支持。
- Throwable：它是 Java 中所有异常（Exception）的基类，是 java.lang.Exception、java.lang.Error 和 java.lang.RuntimeException 的父类。应用程序运行发生意外时，异常和错误类就抛出对象。

2. java.io 包

本包主要含有输入/输出相关的类，这些类提供了对不同的输入和输出设备读写数据的支持，这些输入和输出设备包括键盘、显示器、打印机、磁盘文件和网络等。

3. java.util 包

包含许多具有特定功能的类，有日期、向量、哈希表、列表和堆栈等。

4. java.swing 包和 java.awt 包

提供了创建图形用户界面元素的类。通过这些类，编程者可以控制所写 Applet 的或程序的外观界面。该包中包含定义窗口、对话框、按钮、复选框、列表、菜单、滚动条和文本域的类。

5. java.net 包

含有与网络操作相关的类，如 TCP sockets、URL 以及二进制码向 ASCII 码转换的工具。

6. java.applet 包

含有控制 HotJava 浏览器（HotJava是一个模组化、具扩展性的网页浏览器，由 SUN 公司推出，并且可在网页中执行小型Java程序（称为 Java Applet））的类，这些类可以控制 HTML 文档格式、应用程序中的声音资源等，其中 Applet 类是用来创建包含于 HTML 页内的 Applet 必不可少的类。

# 6.2　String 类

## 6.2.1　String 概述

String 类代表字符串。Java 程序中的所有字符串字面值（例如 "abc"）都作为此类的实例实现。字符串是常量，它们的值在创建之后不能更改。字符串缓冲区支持可变的字符串。因为 String 对象是不可变的，所以可以共享。

在 Java API 中，java.lang.String 是这样定义的：

```
public final class String
        implements java.io.Serializable,Comparable<String>,CharSequence
```

## 6.2.2　分析 String 源码

1. String 的成员变量

定义如下：

```
/** String 的属性值 */
    private final char value[];
     /** The offset is the first index of the storage that is used. */
     /**数组被使用的开始位置**/
    private final int offset;
    /** The count is the number of characters in the String. */
    /**String 中元素的个数**/
    private final int count;
          /** Cache the hash code for the string */
          /**String 类型的 hash 值**/
    private int hash;            //默认为 0
     /** use serialVersionUID from JDK 1.0.2 for interoperability */
    private static final long serialVersionUID = -6849794470754667710L;
    /**
     * Class String is special cased within the Serialization Stream   Protocol.
     *
     * A String instance is written into an ObjectOutputStream according to
     * <a href="{@docRoot}/../platform/serialization/spec/output.html">
     * Object Serialization Specification, Section 6.2, "Stream Elements"</a>
     */
private static final ObjectStreamField[] serialPersistentFields =
                                    new ObjectStreamField[0];
```

从源码看出 String 底层使用一个字符数组来维护。从成员变量可以知道 String 类的值是 final 类型的，不能被改变，所以只要一个值改变就会生成一个新的 String 类型对象，存储 String

数据也不一定从数组的第 0 个元素开始，而是从 offset 所指的元素开始。

2. String 的构造方法

String 的构造方法及其描述如表 6.1 所示。

表 6.1 String 的构造方法

| 构造方法 | 描述 |
| --- | --- |
| String() | 初始化一个新创建的 String 对象，使其表示一个空字符序列 |
| String(byte[] bytes) | 通过使用平台的默认字符集解码指定的 byte 数组，构造一个新的 String |
| String(byte[] bytes, Charset charset) | 通过使用指定的 charset 解码指定的 byte 数组，构造一个新的 String |
| String(byte[] bytes, int offset, int length) | 通过使用平台的默认字符集解码指定的 byte 子数组，构造一个新的 String |
| String(byte[] bytes, int offset, int length, Charset charset) | 通过使用指定的 charset 解码指定的 byte 子数组，构造一个新的 String |
| String(byte[] bytes, int offset, int length, String charsetName) | 通过使用指定的字符集解码指定的 byte 子数组，构造一个新的 String |
| String(byte[] bytes, String charsetName) | 通过使用指定的 charset 解码指定的 byte 数组，构造一个新的 String |
| String(char[] value) | 分配一个新的 String，使其表示字符数组参数中当前包含的字符序列 |
| String(char[] value, int offset, int count) | 分配一个新的 String，它包含取自字符数组参数一个子数组的字符 |
| String(int[] codePoints, int offset, int count) | 分配一个新的 String，它包含 Unicode 代码点数组参数一个子数组的字符 |
| String(String original) | 初始化一个新创建的 String 对象，使其表示一个与参数相同的字符序列。换句话说，新创建的字符串是该参数字符串的副本 |
| String(StringBuffer buffer) | 分配一个新的字符串，它包含字符串缓冲区参数中当前包含的字符序列 |
| String(StringBuilder builder) | 分配一个新的字符串，它包含字符串生成器参数中当前包含的字符序列 |

### 6.2.3 创建 String 字符串

创建字符串的方法有以下两种：

（1）直接赋值方式创建对象。

直接赋值方式创建对象是在方法区的常量池，如下：

```
String str="hello";              //直接赋值的方式
```

（2）通过构造方法创建字符串对象。

通过构造方法创建字符串对象是存储在堆内存中，如下：

```
String str=new String("hello");          //实例化的方式
```

### 6.2.4　String 的常用方法

1. String 类中用于判断的常用方法

- boolean equals(Object obj)：比较字符串的内容是否相同。
- boolean equalsIgnoreCase(String str)：比较字符串的内容是否相同，忽略大小写。
- boolean startsWith(String str)：判断字符串对象是否以指定的 str 开头。
- boolean endsWith(String str)：判断字符串对象是否以指定的 str 结尾。

例 6.1　String 类判断方法的使用。

```
public class TestString {
    public static void main(String[] args) {
        //创建字符串对象
        String s1 = "hello";
        String s2 = "hello";
        String s3 = "Hello";
        // boolean equals(Object obj)：比较字符串的内容是否相同
        System.out.println(s1.equals(s2));
        System.out.println(s1.equals(s3));
        System.out.println("-----------");
        // boolean equalsIgnoreCase(String str)：比较字符串的内容是否相同，忽略大小写
        System.out.println(s1.equalsIgnoreCase(s2));
        System.out.println(s1.equalsIgnoreCase(s3));
        System.out.println("-----------");
        // boolean startsWith(String str)：判断字符串对象是否以指定的 str 开头
        System.out.println(s1.startsWith("he"));
        System.out.println(s1.startsWith("ll"));
    }
}
```

运行结果如下：

```
true
false
-----------
true
true
-----------
true
false
```

2. String 类中用于获取的方法

- int length()：获取字符串的长度，其实也就是字符个数。
- char charAt(int index)：获取指定索引处的字符。
- int indexOf(String str)：获取 str 在字符串对象中第一次出现的索引。
- String substring(int start)：从 start 开始截取字符串。
- String substring(int start,int end)：从 start 开始到 end 结束截取字符串，包括 start，但不包括 end。

**例 6.2** String 类获取方法的使用。

```
public class TestString {
    public static void main(String[] args) {
        //创建字符串对象
        String s = "helloworld";
        // int length()：获取字符串的长度，其实也就是字符个数
        System.out.println(s.length());
        System.out.println("--------");
        // char charAt(int index)：获取指定索引处的字符
        System.out.println(s.charAt(0));
        System.out.println(s.charAt(1));
        System.out.println("--------");
        // int indexOf(String str)：获取 str 在字符串对象中第一次出现的索引
        System.out.println(s.indexOf("l"));
        System.out.println(s.indexOf("owo"));
        System.out.println(s.indexOf("ak"));
        System.out.println("--------");
        // String substring(int start)：从 start 开始截取字符串
        System.out.println(s.substring(0));
        System.out.println(s.substring(5));
        System.out.println("--------");
        // String substring(int start,int end)：从 start 开始到 end 结束截取字符串
        System.out.println(s.substring(0, s.length()));
        System.out.println(s.substring(3, 8));

    }
}
```

运行结果如下：

```
10
--------
h
e
--------
2
4
-1
--------
helloworld
world
--------
helloworld
lowor
```

3. String 类中用于转换功能的方法

- char[] toCharArray()：把字符串转换为字符数组。
- String toLoworCase()：把字符串转换为小写字符串。
- String toUpperCase()：把字符串转换为大写字符串。

例 6.3 String 类中用于转换功能的方法。

```
public class TestString {
    public static void main(String[] args) {
        //创建字符串对象
        String s = "abcde";
        // char[] toCharArray()：把字符串转换为字符数组
        char[] chs = s.toCharArray();
        for (int x = 0; x < chs.length; x++) {
            System.out.println(chs[x]);
        }
        System.out.println("-----------");
        // String toLoworCase()：把字符串转换为小写字符串
        System.out.println("HelloWorld".toLoworCase());
        // String toUpperCase()：把字符串转换为大写字符串
        System.out.println("HelloWorld".toUpperCase());

    }
}
```

运行结果如下：

```
a
b
c
d
e
-----------
helloworld
HELLOWORLD
```

注意：字符串的遍历有两种方式：一是 length()加上 charAt()；二是把字符串转换为字符数组，然后遍历数组。

4. 其他的 String 类常用方法

String 类中的其他方法可查阅 JDK 帮助文档。

## 6.3 StringBuffer 类

在 Java 中，StringBuffer 和 StringBuilder 是抽象类 AbstractStringBuilder 的子类。AbstractStringBuilder 类的定义如下：

```
abstract class AbstractStringBuilder implements Appendable,CharSequence
```

Java.lang.StringBuffer 是线程安全的可变字符序列，一个类似于 String 的字符串缓冲区，但不能修改。虽然在任意时间点上它都包含某种特定的字符序列，但通过某些方法调用可以改变该序列的长度和内容。

StringBuffer 的定义如下：

```
public final class StringBuffer extends
        AbstractStringBuilder implements java.io.Serializable,CharSequence
```

可将字符串缓冲区安全地用于多个线程。可以在必要时对这些方法进行同步，因此任意特定实例上的所有操作就好像是以串行顺序发生的，该顺序与所涉及的每个线程进行的方法调用顺序一致。

StringBuffer 上的主要操作是 append 和 insert 方法，可重载这些方法，以接受任意类型的数据。每个方法都能有效地将给定的数据转换成字符串，然后将该字符串的字符追加或插入到字符串缓冲区中。

append 方法始终将这些字符添加到缓冲区的末端，而 insert 方法则在指定的点添加字符。

例如，如果 z 引用一个当前内容是“start”的字符串缓冲区对象，则此方法调用 z.append("le") 会使字符串缓冲区包含“startle”，而 z.insert(4, "le") 将更改字符串缓冲区，使之包含“starlet”。

1. *构造方法*

- StringBuffer()：构造一个其中不带字符的字符串缓冲区，其初始容量为 16 个字符。
- StringBuffer(CharSequence seq)：构造一个字符串缓冲区，它包含与指定的 CharSequence 相同的字符。
- StringBuffer(int capacity)：构造一个不带字符，但具有指定初始容量的字符串缓冲区。
- StringBuffer(String str)：构造一个字符串缓冲区，并将其内容初始化为指定的字符串内容。

例如：

```
//初始化出的 StringBuffer 对象是一个空的对象
StringBuffer s = new StringBuffer();
//初始化出的 StringBuffer 对象的内容就是字符串“abc”
StringBuffer s = new StringBuffer("abc");
```

StringBuffer 对象和 String 对象之间互转的代码如下：

```
String s = "abc";
//String 转换为 StringBuffer
StringBuffer ssb = new StringBuffer(s);
StringBuffer sb = new StringBuffer("123");
//StringBuffer 转换为 String
String sb2 = sb.toString();
```

2. append *方法*

```
public StringBuffer append(boolean b)
```

该方法的作用是追加内容到当前 StringBuffer 对象的末尾，类似于字符串的连接。调用该方法以后，StringBuffer 对象的内容也发生改变。

例如：

```
StringBuffer sb = new StringBuffer("abc");
```

```
//将对象 sb 的值变成“abctrue”
sb.append(true);
```

再例如，使用该方法进行字符串的连接，将比 String 更加节约内容，比如应用于数据库 SQL 语句的连接：

```
StringBuffer sb = new StringBuffer();
String user = "test";
String pwd = "123";
sb.append("select * from userInfo where username=")
    .append(user)
```

3. insert 方法

insert 方法的定义如下：

```
public StringBuffer insert(int offset, boolean b);
```

该方法的作用是在 StringBuffer 对象中插入内容，然后形成新的字符串。例如：

```
StringBuffer sb = new StringBuffer("TestString");
sb.insert(4,false);              //对象 sb 的值是“TestfalseString”
```

4. deleteCharAt 方法

deleteCharAt 方法的定义有以下两种形式：

```
public StringBuffer deleteCharAt(int index)
```

该方法的作用是删除指定位置的字符，然后将剩余的内容形成新的字符串。例如：

```
    StringBuffer sb = new StringBuffer("Test");
    sb. deleteCharAt(1);  //对象 sb 的值变为“Tst”
public StringBuffer delete(int start,int end)
```

该方法的作用是删除指定区间内的所有字符，包含 start 但不包含 end 索引值的区间。例如：

```
StringBuffer sb = new StringBuffer("TestString");
  //对象 sb 的值是“TString”
sb. delete (1,4);
    .append("and pwd=")
    .append(pwd);
```

这样对象 sb 的值就是字符串“select * from userInfo where username=test and pwd=123”。

5. reverse 方法

reverse 方法的定义如下：

```
public StringBuffer reverse()
```

该方法的作用是将 StringBuffer 对象中的内容反转，然后形成新的字符串。例如：

```
StringBuffer sb = new StringBuffer("abc");
sb.reverse();  //经过反转以后，对象 sb 中的内容将变为“cba”
```

6. setCharAt 方法

setCharAt 方法的定义如下：

```
public void setCharAt(int index, char ch)
```

该方法的作用是修改对象中索引值为 index 位置的字符为新的字符 ch。例如：

```
StringBuffer sb = new StringBuffer("abc");
sb.setCharAt(1,'D');              //对象 sb 的值将变成“aDc”
```

String 类型和 StringBuffer 类型的主要性能区别其实在于 String 是不可变的对象，因此在每次对 String 类型进行改变的时候其实都等同于生成了一个新的 String 对象，然后将指针指向新的 String 对象，所以经常改变内容的字符串最好不要用 String，因为每次生成对象都会对系统性能产生影响，特别当内存中无引用对象多了以后，JVM 的 GC 就会开始工作，那么速度一定会相当慢的。

而如果是使用 StringBuffer 类则结果就不一样了，每次结果都会对 StringBuffer 对象本身进行操作，而不是生成新的对象，再改变对象引用。所以在一般情况下我们推荐使用 StringBuffer，特别是字符串对象经常改变的情况下。

## 6.4 Date 类

在 JDK1.0 中，Date 类是唯一的一个代表时间的类，但是由于 Date 类不便于实现国际化，所以从 JDK1.1 版本开始，推荐使用 Calendar 类进行时间和日期处理。这里先简单介绍一下 Date 类的使用。

1. 使用 Date 类代表当前系统时间

```
Date date = new Date();
System.out.println(date);
```

使用 Date 类的默认构造方法创建出来的对象就代表当前的时间，因为 Date 类覆盖了 toString()方法，所以可以直接输出 Date 类的对象，显示的结果如下：

```
Sun Apr28 10:23:06 CST 2018
```

在该格式中，Sun 代表 Sunday（周日），Apr 代表 April（四月），28 代表 28 号，CST 代表 China Standard Time（中国标准时间，也就是北京时间（东八区））。

2. 使用 Date 类代表指定时间

```
Date date = new Date(2018-1900,4-1,28);
System.out.println(date);
```

使用带参的构造方法可以构造指定日期的 Date 类对象，Date 类中年份的参数应该是实际需要代表的年份减去 1900，实际需要代表的月份减去 1 以后的值。显示结果如下：

```
Sun Apr 28 00:00:00 CST 2018            //代表的日期就是 2018 年 4 月 28 号
```

实际代表的年月日时分秒的日期对象和这个类似。

3. 获取 Date 对象中的信息

使用 Date 类中的 get 方法可以获得 Date 类对象的相关信息（但可以看出，Date 类中的这些方法都已经过时，下面的例子仅展示 Date 类的用法，建议在实际工作中尽量不使用过时的方法）。需要注意的是使用 getYear()获得的是 Date 对象中年份减去 1900 以后的值，所以要显示对应的年份则需要在返回值的基础上加 1900，月份类似。在 Date 类中还提供了 getDay 方法，用于获得 Date 对象代表的时间是星期几，Date 类规定周日是 0，周一是 1，周二是 2，后续的依此类推。

**例 6.4** 获取 Date 对象中的信息。

```
public class DateTest{
    public static void main(String[] args)
    {
```

```
            Date d = new Date();
            int year = d.getYear()+1900;
            int month = d.getMonth()+1;
            int date = d.getDate();
            int hour = d.getHours();
            int minute = d.getMinutes();
            int second = d.getSeconds();
            int day = d.getDay();
            System.out.println("年份："+year);
            System.out.println("月份："+month);
            System.out.println("日期："+date);
            System.out.println("小时："+hour);
            System.out.println("分钟："+minute);
            System.out.println("秒："+second);
            System.out.println("星期："+day);
        }
    }
```

4. Date 对象和相对时间的互转

```
Date date = new Date(2016-1900,8-1,28);
Long time =1290876532190L;
//将 Date 类的对象转换为相对时间
long t = date.getTime();
System.out.println(t);          //结果是：1472313600000
//将相对时间转换为 Date 类的对象
Date da = new (time); System.out.println(da);          //结果是：Sun Aug 28 00:00:00 CST 2016
```

5. Date 对象之间的比较

```
Date date = new Date(2016-1900,8-1,28);
Date date1 = new Date();
```

date.compareTo(date1)返回 int 类型。如果等于 0，则 date=date1；如果小于 0，则 date<date1。

使用 Date 对象中的 getTime 方法可以将 Date 类的对象转换为相对时间，使用 Date 类的构造方法可以将相对时间转换为 Date 类的对象。经过转换以后，既方便了时间的计算，也使时间显示比较直观了。

## 6.5 Calendar 类

从 JDK1.1 版本开始，在处理日期和时间时，系统推荐使用 Calendar 类进行实现（Date 的一些方法都过时了）。在设计上，Calendar 类的功能要比 Date 类强大很多，但在实现方式上要比 Date 类复杂一些。下面就介绍一下 Calendar 类的使用。

Calendar 类是一个抽象类，在实际使用时实现特定子类的对象，创建对象的过程对程序员来说是透明的，只需要使用 getInstance()方法创建即可。

1. 使用 Calendar 类代表当前时间

```
Calendar c = Calendar.getInstance();
System.out.println(c);          //返回的是一个 Calendar 对象
```

由于Calendar类是抽象类，且Calendar类的构造方法是protected的，所以无法使用Calendar类的构造方法来创建对象，API 中提供了 getInstance 方法用来创建对象。使用该方法获得的 Calendar 对象就代表当前的系统时间，由于 Calendar 类 toString 实现的没有 Date 类那么直观，所以直接输出 Calendar 类的对象意义不大。

2. 使用 Calendar 类代表指定的时间

```
Calendar c1 = Calendar.getInstance();
c1.set(2018,8-1,28);
```

使用 Calendar 类代表特定的时间，需要首先创建一个 Calendar 的对象，然后再设定该对象中的年月日参数来完成。set 方法的声明如下：

```
public final void set(int year,int month,int date)
```

以上示例代码设置的时间为 2018 年 8 月 28 日，其参数的结构和 Date 类不一样。Calendar 类中年份的数值直接书写，月份的值为实际的月份值减 1，日期的值就是实际的日期值。

如果只设定某个字段，例如日期的值，则可以使用如下 set 方法：

```
public void set(int field,int value)
```

在该方法中，参数 field 代表要设置的字段的类型，常见类型如下：

- Calendar.YEAR：年份。
- Calendar.MONTH：月份。
- Calendar.DATE：日期。
- Calendar.DAY_OF_MONTH：日期，和 Calendar.DATE 字段完全相同。
- Calendar.HOUR：12 小时制的小时数。
- Calendar.HOUR_OF_DAY：24 小时制的小时数。
- Calendar.MINUTE：分钟。
- Calendar.SECOND：秒。
- Calendar.DAY_OF_WEEK：星期几。

后续的参数 value 代表设置成的值。例如 c1.set(Calendar.DATE,10);，该代码的作用是将 c1 对象代表的时间中的日期设置为 10 号，其他所有的数值会被重新计算，例如星期几以及对应的相对时间数值等。

3. 获得 Calendar 类中的信息

**例 6.5** 获得 Calendar 类中的信息。

```
public class DateTest{
   public static void main(String[] args)
   {
      Calendar c= Calendar.getInstance();
      int year = c.get(c.YEAR)
      int month = c.get(c.MONTH);
      int date= c.get(c.DAY_OF_MONTH);
      int hour = c.get(c.HOUR_OF_DAY);
      int minute = c.get(c.MINUTE);
      int second = c.get(c.SECOND);
      int day = c.get(Calendar.DAY_OF_WEEK);
      System.out.println("年份："+year);
```

```
            System.out.println("月份："+month);
            System.out.println("日期："+date);
            System.out.println("小时："+hour);
            System.out.println("分钟："+minute);
            System.out.println("秒："+second);
            System.out.println("星期："+day);
        }
    }
```

在 Calendar 类中，周日是 1，周一是 2，周二是 3，依此类推。

4. 其他方法说明

其实 Calendar 类中还提供了很多其他有用的方法，下面简单介绍几个常见方法的使用。

（1）add 方法。

```
public abstract void add(int field,int amount)
```

该方法的作用是在 Calendar 对象中的某个字段上增加或减少一定的数值，增加是 amount 的值为正，减少是 amount 的值为负。

例如计算当前时间 100 天以后的日期，代码如下：

```
Calendar c3 = Calendar.getInstance();
c3.add(Calendar.DATE,100);
int year = c3.get(Calendar.YEAR);
int month = c3.get(Calendar.MONTH)+1;
int date = c3.get(Calendar.DATE);
System.out.println(year+"年"+month+"月"+date+"日");
```

这里 add 方法是指在 c3 对象的 Calendar.DATE 也就是日期字段上增加 100，类内部会重新计算该日期对象中其他各字段的值，从而获得 100 天以后的日期，例如程序的输出结果可能为：2018 年 8 月 6 日。

（2）after 方法。

```
public boolean after(Object when)
```

该方法的作用是判断当前日期对象是否在 when 对象的后面，如果在 when 对象的后面则返回 true，否则返回 false。例如：

```
Calendar c4 = Calendar.getInstance();
c4.set(2018,8-1,28);
Calendar c5 = Calendar.getInstance();
c5.set(2018,10-1,1);
boolean b = c5.after(c4);
System.out.println(b);
```

在该示例代码中对象 c4 代表的日期是 2018 年 8 月 28 日，对象 c5 代表的日期是 2018 年 10 月 1 日，则对象 c5 代表的日期在 c4 代表的日期之后，所以 after 方法的返回值是 true。

另外一个类似的方法是 before，该方法是判断当前日期对象是否位于另外一个日期对象之前。

5. Calendar 对象和相对时间之间的转换

```
Calendar c6 = Calendar.getInstance();
long t =1252785271098L;
//将 Calendar 对象转换为相对时间
```

```
long t1 = c6.getTimeInMillis();
//将相对时间转换成 Calendar 对象
Calendar c9 = Calendar.getInstance();
c9.setTimeInMillis(t1);
```

在转换时，使用 Calendar 类中的 getTimeInMillis 方法可以将 Calendar 对象转换为相对时间。在将相对时间转换为 Calendar 对象时，首先创建一个 Calendar 对象，然后再使用 Calendar 类的 setTimeInMillis 方法设置时间。

6. 应用实例

（1）计算两个日期之间相差的天数。

例如计算 2016 年 8 月 20 日和 2016 年 8 月 29 日之间相差的天数。该程序实现的原理为：首先代表两个特定的时间点，这里使用 Calendar 的对象进行代表，然后将两个时间点转换为对应的相对时间，求两个时间点相对时间的差值，然后除以一天的毫秒数（24 小时*60 分钟*60 秒*1000 毫秒）即可获得对应的天数。下面是实现该示例的完整代码。

**例 6.6** 计算两个日期之间的差。

```
public class DateTest{
  public static void main(String[] args)
  {
     Calendar c1= Calendar.getInstance();
     c1.set(2018,8-1,20);
     Calendar c2= Calendar.getInstance();
     c2.set(2018,8-1,29);
     //转换为相对时间
     long t1=c1.getTimeInMillis();
     long t2=c2.getTimeInMillis();
     //计算天数
     long days = (t2-t1)/(24*60*60*1000);
     System.out.println(days);
  }
}
```

（2）输出当月的日历。

该示例的功能是输出当前系统时间所在月的日历，例如当前系统时间是 2018 年 8 月 29 日，则输出 2018 年 8 月的日历。

该程序实现的原理为：首先获得该月 1 号是星期几，然后获得该月的天数，最后使用流程控制实现按照日历的格式进行输出。即如果 1 号是星期一，则打印一个单位的空格，如果 1 号是星期二，则打印两个单位的空格，依此类推。打印完星期六的日期以后，进行换行。下面是实现该示例的完整代码。

**例 6.7** 输出当月的日历。

```
public class DateTest {
     public static void main(String[] args)
     {
          //获取当前时间
          Calendar c= Calendar.getInstance();
          //设置代表的日期为 1 号
```

```
            c.set(Calendar.DATE,1);
            //获得 1 号是星期几
            int start = c.get(Calendar.DAY_OF_WEEK);
            //获得当前月的最大日期数
            int maxDay = c.getActualMaximum(Calendar.DATE);
            //输出标题
            System.out.println("星期日  星期一  星期二  星期三  星期四  星期五  星期六");
            //输出开始的空格
            for(int i=1;i < start;i++){
                System.out.print("  ");
            }
            //输出该月中的所有日期
            for(int i =1; i<= maxDay;i++)
            {
                //输出日期数字
                System.out.print(" " + i);
                //输出分隔空格
                System.out.print("     ");
                if(i < 10){
                    System.out.print(' ');
                }
                //判断是否换行
                if((start-1 + i)%7 == 0){
                    System.out.println();
                }
            }
        }
    }
```

## 6.6　SimpleDateFormat 类

SimpleDateFormat 类是 DateFormat 的子类，比 DateFormat 更简单、功能更强大。SimpleDateFormat 可以非常灵活地格式化 Date，也可用于解析各种格式的日期字符串。例如，在开发中，可能会将一种日期格式变为另外一种日期格式。

原始日期：2018-4-15 10:11:30.345

转换后日期：2018 年 4 月 15 日 10 时 11 分 30 秒 345 毫秒

但是以上的两个日期中日期的数字是完全一样的，唯一不同的是日期的显示格式不同，所以要实现这样的转换功能就必须依靠 SimpleDateFormat 类。

创建 SimpleDateFormat 对象时需要传入一个 pattern 字符串，这个 pattern 不是正则表达式，而是一个日期模板（如表 6.2 所示）字符串。通过此模板进行日期数字的提取工作。

在 SimpleDateFormat 类使用的时候，必须注意的是在构造对象时要传入匹配的模板。

构造方法：public SimpleDateFormat(String pattern)

转换：public Date parse(String source)　　　//抛出 ParseException 取得全部的时间数

格式化：public final String format(Date date)　　//将时间重新格式化成字符串显示

表 6.2 日期模板

| 标记 | 描述 |
|---|---|
| Y | 表示年，年份是四位数字，所以需要使用“YYYY”表示年 |
| M | 表示月，月份是两位数字，所以需要使用“MM”表示月 |
| d | 表示日，日是两位数字，所以需要使用“dd”表示日 |
| H | 表示时，两位数字“HH”表示 |
| m | 表示分，两位数字“mm”表示 |
| s | 表示秒，两位数字“ss”表示 |
| S | 表示毫秒，三位数字“SSS”表示 |

**例 6.8** SimpleDateFormat 类的格式设置。

```
public class FormatDateTime {
    public static void main(String[] args) {
        SimpleDateFormat   myFmt=
        new SimpleDateFormat("YYYY 年 MM 月 dd 日  HH 时 mm 分 ss 秒");
                SimpleDateFormat myFmt1=new SimpleDateFormat("yy/MM/dd HH:mm");
                SimpleDateFormat myFmt2=new
                SimpleDateFormat("yyyy-MM-dd HH:mm:ss");
                //等价于 now.toLocaleString()
                SimpleDateFormat   myFmt3=new
                SimpleDateFormat("YYYY 年 MM 月 dd 日  HH 时 mm 分 ss 秒 E ");
                SimpleDateFormat   myFmt4=new
                SimpleDateFormat("一年中的第 D 天  一年中第 w 个星期  一月中第 W 个星期
                在一天中 k 时 z 时区");
            Date now=new Date();
            System.out.println(myFmt.format(now));
            System.out.println(myFmt1.format(now));
            System.out.println(myFmt2.format(now));
            System.out.println(myFmt3.format(now));
            System.out.println(myFmt4.format(now));
            System.out.println(now.toGMTString());
            System.out.println(now.toLocaleString());
            System.out.println(now.toString());

    }
}
```

输出结果如下：

```
2018 年 4 月 19 日  17 时 24 分 27 秒
18/04/19 17:24
2018-04-19 17:24:27
2018 年 4 月 19 日   17 时 24 分 27 秒  星期一
```

```
一年中的第 109 天 一年中第 16 个星期 一月中第 3 个星期 在一天中 17 时 CST 时区
19 Apr 2018 17:24:27 GMT
2018-04-19 17:24:27
Thu. Dec 16 17:24:27 CST 2018
```

## 6.7 List 接口

为方便开发人员进行程序开发，JDK 提供了一组主要的数据结构，如 List、Map、Set，其中 List 是最重要的数据结构。List 接口保存数据的最大特点实际上在于可以进行数据的重复保存。需要明确的一点是，List 子接口针对于 Collection 子接口进行了大量的方法扩充，如表 6.3 所示。

表 6.3　list 接口方法

| 方法名称 | 类型 | 描述 |
|---|---|---|
| public E get(int index) | 普通 | 根据索引取得指定的元素内容 |
| public E set(int index, E element) | 普通 | 修改指定索引元素的内容 |
| Public ListIterator<E> listIterator() | 普通 | 为 ListIterator 接口实例化 |

由于 List 本身属于一个接口，如果要想取得接口的实例化对象，那么应该通过子类实例化完成，在 List 子类下有三个常用的子类：ArrayList、Vector、LinkedList。其中 ArrayList 和 Vector 使用了数组实现。

### 6.7.1　ArrayList 类

ArrayList 是在 JDK1.2 的时候推出的，ArrayList 子类的定义结构如表 6.4 所示。

表 6.4　ArrayList 类的定义

| | |
|---|---|
| java.lang.Object<br>\|- java.util.AbstractCollection<E><br>\|- java.util.AbstractList<E><br>\|- java.util.ArrayList<E> | public class ArrayList<E><br>extends AbstractList<E><br>implements List<E>, RandomAccess, Cloneable, Serializable |

**例 6.9**　List 的基本使用。

```
import java.util.ArrayList;
import java.util.List;
public class TestDemo {
        public static void main(String[] args) throws Exception { //直接抛出
            List<String> all = new ArrayList<String>() ;
            System.out.println(all.isEmpty());
            all.add("Hello") ;
            all.add("Hello") ;       //重复元素
            all.add("World") ;
            System.out.println(all.isEmpty());
```

```
                System.out.println(all);
                System.out.println("数据个数：" + all.size());
        }
}
```

结果输出如下：

```
true
false
[Hello,Hello,World]
数据的个数：3
```

如果要进行集合的数据输出，很明显不可能直接输出一个接口对象，那么可以采用循环的方式完成输出。利用 size()方法控制循环次数，然后利用 get()方法取出内容，如例 6.10 所示。

**例 6.10**　输出集合数据。

```
import java.util.ArrayList;
import java.util.List;
public class TestDemo {
        public static void main(String[] args) throws Exception { //直接抛出
                List<String> all = new ArrayList<String>() ;
                all.add("Hello") ;
                all.add("Hello") ;       //重复元素
                all.add("World") ;
                for (int x = 0; x < all.size(); x++) {
                        String str = all.get(x) ;
                        System.out.println(str);
                }
        }
```

结果输出如下：

```
Hello
Hello
World
```

在 List 接口中提供有 contains()、remove()的操作方法，那么这两个操作方法都需要依靠 equals()方法的支持。

**例 6.11**　List 接口中 contains()、remove()方法的使用。

```
import java.util.ArrayList;
import java.util.List;
class Dcpt {
        private int deptno ;
        private String dname ;
        private String loc ;
        public Dept(int deptno, String dname, String loc) {
                super();
                this.deptno = deptno;
                this.dname = dname;
                this.loc = loc;
        }
        @Override
```

```
        public String toString() {
            return "Dept [deptno=" + deptno + ", dname=" + dname + ", loc=" + loc + "]";
        }
        @Override
        public boolean equals(Object obj) {
            if (this == obj) {
                return true ;
            }
            if (obj == null) {
                return false ;
            }
            if (!(obj instanceof Dept)) {
                return false ;
            }
            Dept dept = (Dept) obj ;
            return this.deptno == dept.deptno && this.dname.equals(this.dname) &&
            this.loc.equals(dept.loc);
        }
    }
    public class TestDemo {
        public static void main(String[] args) throws Exception { //直接抛出
            List<Dept> all = new ArrayList<Dept>() ;
            all.add(new Dept(10,"财务部","北京")) ;
            all.add(new Dept(20,"技术部","广州")) ;
            all.add(new Dept(30,"市场部","上海")) ;
            all.remove(new Dept(30,"市场部","上海")) ;  //删除数据
            for (int x = 0 ; x < all.size() ; x ++) {
                Dept dept = all.get(x) ;
                System.out.println(dept);
            }
        }
    }
```

结果输出如下：

```
Dept [deptno=10，dname=财务部，loc=北京]
Dept [deptno=20，dname=技术部，loc=广州]
```

### 6.7.2 Vector 类

Vector 类与 ArrayList 类的继承结构是完全相同的，如表 6.5 所示。

表 6.5　Vector 类的定义

```
public class Vector<E>
extends AbstractList<E>
implements List<E>, RandomAccess, Cloneable, Serializable
```

Vector 类中的方法基本上都是同步方法，属于线程安全的操作。

**例 6.12** Vector 类的使用。

```
import java.util.List;
import java.util.Vector;
public class TestDemo {
    public static void main(String[] args) throws Exception { //直接抛出
        List<String> all = new Vector<String>() ;
        all.add("Hello") ;
        all.add("Hello") ;        //重复元素
        all.add("World") ;
        for (int x = 0; x < all.size(); x++) {
            String str = all.get(x) ;
            System.out.println(str);
        }
    }
}
```

操作上 ArrayList 和 Vector 几乎没有区别，具体的区别只能根据源代码来观察，如表 6.6 所示。

表 6.6 ArrayList 与 Vector 区别

| 区别点 | ArrayList | Vector |
| --- | --- | --- |
| 推出时间 | JDK1.2 | JDK1.0 |
| 性能 | 异步处理，性能更高 | 同步处理，性能较低 |
| 安全性 | 非线程安全的操作 | 线程安全的操作 |
| 输出 | Iterator、ListIterator、foreach | Iterator、ListIterator、foreach、Enumeration |

从开发的角度来看，ArrayList 是最常用的一种形式。

### 6.7.3 LinkList 类

LinkedList 使用了循环双向链表数据结构。与基于数组的 List 相比，这是两种截然不同的实现技术，所以它们适用于完全不同的工作场景。

LinkedList 由于使用了链表的结构，因此不需要维护容量的大小。从这点上说，它比 ArrayList 有一定的性能优势，然而每次元素增加都需要新建一个 Node 对象，并进行更多的赋值操作。在频繁的系统调用中，对性能产生一定的影响。

例如，分别使用 ArrayList 和 LinkedList 运行以下代码：

```
Object obj = new Object();
for(int i = 0; i < 500000; i++)
{ //循环 50 万次
    list.add(obj);
}
```

ArrayList 相对耗时 16ms，而 LinkedList 相对耗时 31ms。可见，不间断地生成新的对象还是占用了一定的系统资源。ArrayList 提供了下面这些函数，用于对 ArrayList 的首尾进行操作：

- 追加首元素：public void addFirst(E e);

- 追加尾元素：public void addLast(E e);
- 追加：public void push(E e);
- 弹出：public E pop();

**例 6.13**　ArrayList 的添加、删除操作。

```
import java.util.LinkedList;
public class TestDemo {
    public static void main(String[] args) throws Exception { //直接抛出
        LinkedList<String> all = new LinkedList<String>();
        all.add("Hello");
        all.add("Hello");          //重复元素
        all.add("World");
        all.addFirst("First");
        all.addLast("Last");
        all.push("Third");
        all.push("Fourth");
        System.out.println(all.pop());
        System.out.println(all.pop());
        System.out.println(all.pop());
        System.out.println(all.pop());
    }
}
```

运行结果如下：

```
Fourth
Third
First
Hello
```

# 6.8　习题

## 一、选择题

1．下列 String 类的（　　）方法返回指定字符串的一部分。

A．extractstring()　　B．substring()　　C．Substring()　　D．Middlestring()

2．以下关于 TestStringBuffer 类的代码的执行结果是（　　）。

```
public class TestStringBuffer {
    public static void main(String args[]) {
        StringBuffer a = new StringBuffer("A");
        StringBuffer b = new StringBuffer("B");
        mb_operate(a, b);
        System.out.println(a + "." + b);
    }
    static void mb_operate(StringBuffer x, StringBuffer y) {
        x.append(y);
        y = x;
    }
}
```

A．A.B　　B．A.A　　C．AB.AB　　D．AB.B

3．下面代码的运行结果是（　　）。

```
public static void main(String args[]) {
    String s = "abc";
    String ss = "abc";
    String s3 = "abc" + "def";                    //此处编译器作了优化
    String s4 = "abcdef";
    String s5 = ss + "def";
    String s2 = new String("abc");
    System.out.println(s == ss);
    System.out.println(s3 == s4);
    System.out.println(s4 == s5);
    System.out.println(s4.equals(s5));
}
```

A．true true false true　　B．true true true false

C．true false true true　　D．false true false true

## 二、编程题

1．实现会员注册，要求用户名长度不小于 3，密码长度不小于 6，注册时两次输入的密码必须相同（使用字符串）。

2．编写程序将 String 类型字符串“test”变为“tset”。（使用 StringBuffer）

3．判断两个日期之间的大小关系。

4．利用 Calendar 类制作一个日历小程序。

5．有如下代码：

```
Import java.util.*;
Public class TestList
{
    Public static void main(String args[])
    {
        List list = new ArrayList();
        list.add("Hello");
        list.add("World");
        list.add(1, "Learn");
        list.add(1, "Java");
        printList(list);
    }
    public static void printList(List list)
    {
        //1
    }
}
```

要求：

（1）把“//1”处的代码补充完整，要求输出 list 中所有元素的内容。

（2）写出程序执行的结果。

# 第 7 章　异常处理

程序运行时，发生了不被期望的事件，它阻止了程序按照程序员的预期正常执行，这就是异常。异常发生时，是任程序自生自灭，立刻退出终止，还是输出错误给用户？

Java 提供了更加优秀的解决办法：异常处理机制。异常处理机制能让程序在异常发生时，按照代码预先设定的异常处理逻辑针对性地处理异常，让程序尽最大可能恢复正常并继续执行，且保持代码的清晰。本章主要介绍异常处理的相关知识。

## 7.1　Java 异常基本概念

Java 提供了异常处理机制用于处理异常，同时也允许用户自定义异常类。Java 标准库内创建了一些常用的异常类，这些类以 Throwable 为顶层父类，Throwable 类提供了访问异常信息的一些方法，常用的方法包括：

- getMessage()：返回 String 类型的异常信息。
- pintStackTrace()：打印跟踪方法调用栈而获得的详细异常信息。

Throwable 又派生出 Error 类和 Exception 类，它们之间的关系如图 7.1 所示。

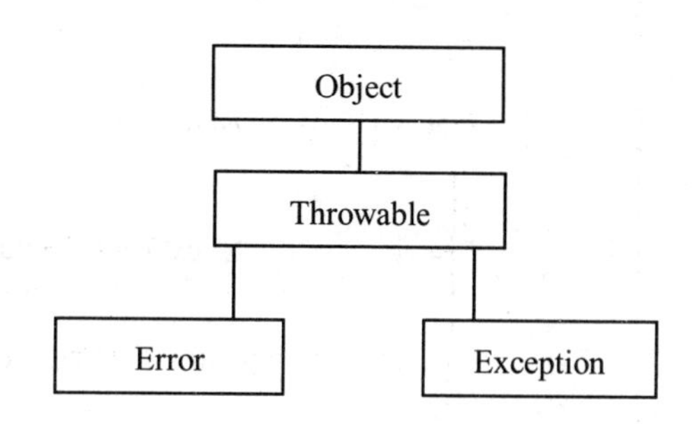


图 7.1　Java 异常的结构

Error 类以及它的子类的实例代表了 JVM 本身的错误。错误不能被程序员通过代码处理，Error 很少出现。因此，程序员应该关注 Exception 为父类的分支下的各种异常类。

Exception 以及它的子类代表程序运行时发送的各种不期望发生的事件，可以被 Java 异常处理机制使用，是异常处理的核心。

Exception 类是异常处理的父类。异常有多种类型，例如 I/O 异常、数字格式异常、文件未找到异常、数组越界异常等。Java 将这些异常分成不同的类，继承关系如图 7.2 所示，放在不同包中。例如，Exception 类包含在 java.lang 包中，处理 I/O 异常的类包含在 java.io 包中。

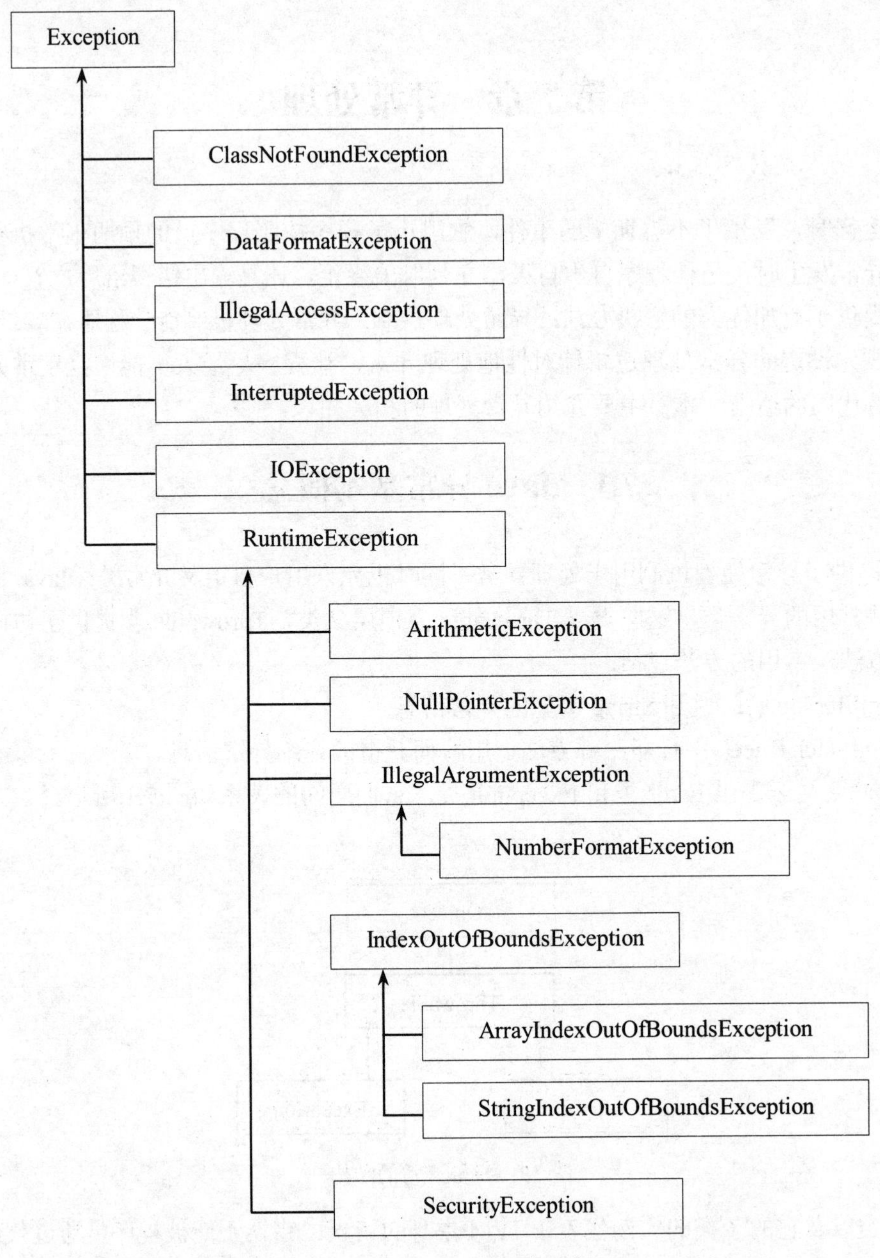


图 7.2 Except 类及其子类

Java 中预定义的异常分为两种：检查异常（Checked Exception）和非检查异常（Unchecked Exception）。

RuntimeException 类处理的错误包括错误的强制类型转换、数组越界访问、空引用。

RuntimeException 是程序员编写程序不正确所导致的异常，是在 Java 系统运行过程中出现的异常。由于运行时异常可能会出现在程序的任何地方，而且出现的可能性非常大，因而由程序本身去检测运行时异常出现与否将会使程序的开销过大，所以编译器并不要求程序去说明或捕获运行时异常。RuntimeException 类的异常的产生是程序员的过失，理论上，程序员经过检查和测试可以查出这类错误。所以，RuntimeException 类及其子类是非检查异常，不一定要对异常进行处理。

检查异常是非 RuntimeException 类及其子类的异常，例如 IOExeption、SQLException 等。检查异常必须要进行异常处理。

非 RuntimeException 是指可以由编译器在编译时检测到的、可能会发生在方法执行过程中的异常，如找不到指定名字的类或者界面，非 RuntimeException 不是程序本身的错误，如果这些异常情况没有发生，程序本身仍然是完好的。但如果程序不能适当地处理可能会引发运行时异常的语句，则程序将不能通过编译器的编译。

- IOException：操作输入流和输出流时可能出现的异常。
- ArithmeticException：数学异常。如果把整数除以 0，就会出现这种异常。
- NullPointerException：空指针异常。当引用变量为 null 时试图访问对象的属性或方法，就会出现这种异常。

```
Date d=null
System.out.println(d.toString( ));
```

- IndexOutOfBoundsException：下标越界异常。它的子类 ArrayIndexOutOfBoundsException 表示数组下标越界异常。

```
int[ ] array=new int[4];
    array[0]=1;
    array[7]=1;//抛出
```

- ClassCastException：类型转换异常。
- IllegalArgumentException：非法参数异常。

```
public void setName(String name){
    if(name==null)throw new IllegalArgumentException("姓名不能为空");
    this.name=name;
}
```

总的来说，Java 异常处理机制具有以下优点：

（1）把各种不同类型的异常情况进行分类，用 Java 类来表示异常情况，这种类被称为异常类。可以充分发挥类的可扩展和可重用的优势。

（2）异常流程的代码和正常的代码分离，提高了程序的可读性，简化了程序的结构。

（3）可以灵活地处理异常，如果当前方法有能力处理异常，就捕获并处理它，否则需要抛出异常，由方法调用者来处理它。

## 7.2　throw 和 throws 关键字

### 7.2.1　throw 关键字

throw 关键字通常用在方法体中，并且抛出一个异常对象。程序在执行到 throw 语句时立即终止，它后面的语句都不执行。通过 throw 抛出异常后，如果想在上一级代码中捕获并处理异常，则需要在抛出异常的方法中使用 throws 关键字在方法的声明中指明要抛出的异常；如果要捕获 throw 抛出的异常，则必须使用 try…catch 语句。

**例 7.1** 抛出异常。

```
public class ThisDemo06
{
    public static void main(String args[])
    {
        try{
            //抛出异常的实例化对象
            throw new Exception("自己抛出异常。") ;
        }
        catch(Exception e)
        {
            System.out.println(e) ;
        }
    }
};
```

### 7.2.2 throws 关键字

定义一个方法的时候可以使用 throws 关键字声明。使用 throws 关键字声明的方法表示此方法不处理异常，而交给方法调用处进行处理。对于捕获到该方法可能弹出的异常而仍然没有兴趣处理的上层方法同样要在 throws 列表中注明。

throws 关键字格式如下：

```
public 返回值类型 方法名称(参数列表,,,)throws 异常类 { 方法体 };
```

例如，假设定义一个除法，对于除法操作可能出现异常，也可能不会。所以对于这种方法最好将它使用 throws 关键字声明，一旦出现异常，则应该交给调用处处理。

**例 7.2** throws 关键字。

```
class Math{
    //定义除法操作，如果有异常，则交给调用处处理
    public int div(int i,int j) throws Exception{
        int temp = i / j ;                  //计算，但是此处有可能出现异常
        return temp ;
    }
};
public class ThrowsDemo01{
    public static void main(String args[]){
        Math m = new Math() ;           //实例化 Math 类对象
        try{
            System.out.println("除法操作：" + m.div(10,2)) ;
        }catch(Exception e){
            e.printStackTrace() ;       //打印异常
        }
    }
};
```

因为 div()使用了 throws 关键字声明，所以调用此方法的时候，方法必须进行异常处理。通过 try…catch。如果在主方法的声明中也使用了 throws 关键字，则表示一切异常都交给 JVM 进行处理。默认处理方式也是 JVM 完成。

**例 7.3**　主方法中使用 throws 抛出异常。

```
class Math{
    // 定义除法操作，如果有异常，则交给调用处处理
    public int div(int i,int j) throws Exception{
        int temp = i / j ;      // 计算，但是此处有可能出现异常
        return temp ;
    }
};
public class ThrowsDemo02{
    // 在主方法中所有的异常都可以不使用 try…catch 进行处理
    public static void main(String args[]) throws Exception{
        Math m = new Math() ;           // 实例化 Math 类对象
        System.out.println("除法操作：" + m.div(10,0)) ;
    }
};
```

运行结果如下：

```
Exception in thread "main" java.lang.ArithmeticException: / by zero
    at methoud.Math.div(ThisDemo06.java:4)
    at methoud.ThisDemo06.main(ThisDemo06.java:12)
```

## 7.3　try…catch…finally 捕获异常

Java 语言的异常捕获结构由 try、catch、finally 三部分组成。其中，try 语句块存放的是可能发生异常的 Java 语句；catch 程序块在 try 语句块之后，用来激发被捕获的异常；finally 语句块是异常处理结构的最后执行部分，不管 try 块中的代码如何退出，都将执行 finally 块。

### 7.3.1　try…catch 语句

利用 try…catch 语句可以说明抛出异常的部位，同时又说明捕获、处理的办法。

try…catch 语句的形式如下：

```
try
{
  语句;          //说明抛出异常的部位，该部位含有抛出异常的语句，如调用抛出异常的方法
}
catch (异常类 1　变量名)          //按抛出的异常类进行捕获并加以处理
{
    catch 处理
}
catch (异常类 2　变量名)          //按抛出的异常类进行捕获并加以处理
{
    catch 处理
}
…
```

当 catch 前面的 try 块中发生了一个异常时，try…catch 语句就会自动在 try 块后面的各个 catch 块中找出与该异常类相匹配的参数。当参数符合以下三个条件之一时，就认为这个参数

与产生的异常相匹配：

（1）参数与产生的异常属于一个类。

（2）参数是产生的异常的父类。

（3）参数是一个接口时，产生的异常实现了这一接口。

当产生的异常找到了第一个与之相匹配的参数时，就执行包含这一参数的 catch 语句中的 Java 代码，执行完 catch 语句后，程序恢复执行，但不会回到异常发生处继续执行，而是执行 try…catch 结构后面的代码。

**例 7.4** try…catch 异常处理结构。

```
import java.io.*;
public class  try_catch
{
    public static void main (String args[]) {
        FileInputStream fis=null;
        try {
            // FileInputStream 方法抛出异常
            fis=new FileInputStream("c:/filename.txt");    //所以位于 try 体内
        }
            catch(FileNotFoundException e)                  //捕获 FileNotFoundException 异常
        {
            System.out.println("catch exception："+e.getMessage());
        }
        try{
            int c=fis.read();                               //调用的 read()方法抛出异常
        } catch(IOException e)                              //捕获 IOException 异常
        {
            System.out.println("catch exception："+e.getMessage());
        }
    }
}
```

### 7.3.2 try…catch…finally

finally 语句可以说是为异常处理事件提供的一个清理机制，一般是用来关闭文件或释放其他的系统资源，作为 try…catch…finally 结构的一部分，可以没有 finally 语句，如果存在 finally 语句，不论 try 块中是否发生了异常，是否执行过 catch 语句，都要执行 finally 语句。

try…catch…finally 语句的形式如下：

```
try
{    //正常执行的代码，可能产生异常
     …
}catch (异常类 e1)
{    //异常类 e1 的处理代码
     …
}
catch (异常类 e2)
{    //异常类 e2 的处理代码
```

```
    …
{
    …
catch (异常类 en)
{   //异常类 en 的处理代码
    …
}
finally
{   //执行清除工作的语句
    …
}
```

（1）try 块中的语句没有产生异常。在这种情况下，Java 首先执行 try 块中的所有语句，然后执行 finally 子句中的代码，最后执行 try…catch…finally 块后面的语句。

（2）try 块中的语句产生了异常，而且此异常在方法内被捕获。在这种情况下，Java 首先执行 try 块中的语句，直到产生异常处，然后跳过此 try 块中剩下的语句，执行捕获此异常的 catch 子句的处理代码，最后执行 finally 子句中的代码。

（3）如果 catch 子句中没有重新抛出异常，那么 Java 将执行 try…catch…finally 块后面的语句；如果在 catch 子句又重新抛出了异常，那么 Java 将这个异常抛出给方法的调用者。

（4）try 块中产生了异常，而此异常在方法内没有被捕获。在这种情况下，Java 将执行 try 块中的代码直到产生异常，然后跳过 try 块中的代码而转去执行 finally 子句中的代码，最后将异常抛出给方法的调用者。

**例 7.5**　打开一个文件流，读入两个字符串，转化为整数并求其和。

```
public class Sum {
    public static void main(String args[])
    {
        BufferedReader br=null;
        try{
            br=new BufferedReader(new FileReader("myfile.txt"));
            //建立读入 myfile.txt 文件的输入流
            String stra=br.readLine();
            //读入一个字符串
            int a=Integer.parseInt(stra);
            //把该字符串转化为整数
            String strb=br.readLine();
            int b=Integer.parseInt(strb);
            Integer c=a+b;
            System.out.println(c);
        }
        catch(FileNotFoundException e)
        {
            System.out.println(e.toString());
        }
        catch(IOException e)
        {
```

```
                    System.out.println(e.toString());
                }
                catch(NumberFormatException e)
                {
                    System.out.println(e.toString());
                }
                finally
                {
                    if(br==null)
                    {
                        System.out.println("DateInputStream not open! ");
                    }
                    else
                    {
                        try {
                            br.close();
                            System.out.println("Close DalaInStream! ");
                        } catch (IOException e) {
                            e.printStackTrace();
                        }
                    }
                }
            }
        }
```

finally 语句不能被执行的唯一情况是先执行了用于终止程序的 System.exit()方法。

### 7.3.3 try、catch、finally、throw、throws 联合使用

在一般开发中，try、catch、finally、throw、throws 联合使用的情况是最多的。

例如，现在要使用一个相除的方法，但是在操作之前必须打印“计算开始”的信息，结束之后必须打印“计算结束”。如果有异常，需要把异常交给异常调用处处理。面对这样的要求，必须全部使用以上关键字。

**例 7.6** try…catch 综合运用。

```
class Math{
//定义除法操作，如果有异常，则交给调用处处理
public int div(int i,int j)   throws Exception{
System.out.println("*****  计算开始  *****") ;
        int temp = i / j ;       // 计算，但是此处有可能出现异常
        System.out.println("*****  计算结束  *****") ;
        return temp ;
    }
}
public class ThrowDemo02{
    public static void main(String args[]){
        Math m = new Math() ;
        try{
```

```
                System.out.println("除法操作：" + m.div(10,0)) ;
            }catch(Exception e){
                System.out.println("异常产生：" + e) ;
            }
        }
    }
```

运行结果如下：

```
    ***** 计算开始 *****
异常产生：java.lang.ArithmeticException: / by zero
```

由于异常使用起来非常方便，以至于在很多情况下可能会滥用异常。但是，使用异常处理会降低程序运行的速度，如果在程序中过多地使用异常处理，程序的执行速度会显著降低。下面给出几点建议，有助于掌握好使用异常处理的尺度。

（1）在使用简单的测试就能完成的检查中，不要使用异常来代替它。

（2）不要过细地使用异常。最好不要到处使用异常，更不要在循环体内使用异常处理，你可以将它包裹在循环体外面。

（3）不要捕获了一个异常而又不对它进行任何的处理。

（4）将异常留给方法的调用者并不是不好的做法。对于有些异常，将其交给方法的调用者去处理是一种更好的处理办法。

## 7.4　自定义异常

使用 Java 内置的异常类可以描述在编程时出现的大部分异常情况。除此之外，用户还可以自定义异常。用户自定义异常类，只需要继承 Exception 类即可。因为 Java 中提供的都是标准异常类（包括一些异常信息），如果需要自己想要的异常信息就可以自定义异常类。

在程序中使用自定义异常类大体可分为以下几个步骤：

（1）创建自定义异常类。

（2）在方法中通过 throw 关键字抛出异常对象。

（3）如果在当前抛出异常的方法中处理异常，可以使用 try…catch 语句捕获并处理；否则在方法的声明处通过 throws 关键字指明要抛出给方法调用者的异常，继续进行下一步操作。

（4）在出现异常方法的调用者中捕获并处理异常。

**例 7.7**　自定义异常类。

```
//自定义异常类，继承 Exception 类
class MyException extends Exception{
        public MyException(String msg){
            //调用 Exception 类中有一个参数的构造方法，传递错误信息
            super(msg)
        }
};
public class DefaultException{
    public static void main(String args[]){
        try{
```

```
                throw new MyException("自定义异常。") ;  //抛出异常
            }catch(Exception e){
                System.out.println(e) ;                 //打印错误信息
            }
        }
    }
```

运行结果如下：

```
methoud.MyException: 自定义异常。
```

## 7.5 习题

### 一、选择题

1．Java 中用来抛出异常的关键字是（　　）。

A．try　　B．catch　　C．throw　　D．finally

2．关于异常，下列说法中正确的是（　　）。

A．异常是一种对象

B．一旦程序运行，异常将被创建

C．为了保证程序的运行速度，要尽量避免异常控制

D．以上说法都不对

3．下列（　　）类是所有异常类的父类。

A．Throwable　　B．Error　　C．Exception　　D．AWTError

4．Java 语言中，下列（　　）子句是异常处理的出口。

A．try{…}　　B．catch{…}　　C．finally{…}　　D．以上说法都不对

5．关于下列程序的执行，说法错误的是（　　）。

```
class MultiCatch
{
    public static void main(String args[])
    {
        try
        {
            int a=args.length;
            int b=42/a;
            int c[]={1};
            c[42]=99;
          System.out.println("b="+b);
        }
        catch(ArithmeticException e)
        {
            System.out.println("除 0 异常："+e);
        }
        catch(ArrayIndexOutOfBoundsException e)
        {
```

```
                System.out.println("数组超越边界异常："+e);
            }
        }
    }
```

A．程序将输出第 15 行的异常信息

B．程序第 10 行出错

C．程序将输出“b=42”

D．程序将输出第 19 行的异常信息

## 二、编程题

1．用 try…catch…finally 结构实现数组越界异常处理。

2．某同学编写的一个程序如下：

```
import java.util.Scanner;
class ExceptionDemo{
        public static void main(String args[])
        {
                Scanner sc= new Scanner(System.in);
                System.out.println("Enter a integer");
                int number = sc.nextInt();
                System.out.println("The number entered is" + number);
        }
}
```

该程序运行时，等待输入一个整数并显示输出该整数。但如果你输入的不是整数（比如说浮点数），程序运行时系统将抛出异常并非正常终止。请你重写该程序，增加异常处理功能。

# 第 8 章　图形用户界面

GUI 是 Graphical User Interface（图形用户界面）的缩写，Java API 中提供了两套组件：AWT 和 Swing，用于支持编写图形用户界面程序。

AWT 使用本地操作系统的代码资源，被称为重量级组件。

Swing 建立在 AWT 提供的基础之上，同时使用 AWT 相同的事件处理机制。Swing 组件是轻量级的 GUI 组件，完全用纯 Java 代码编写，不依赖于任何特定平台。

## 8.1　AWT 组件

### 8.1.1　AWT 组件简介

AWT（Abstract Window Toolkit）是抽象窗口工具包，是第一代的 Java GUI 组件，绘制依赖于底层的操作系统。

GUI 组件根据作用可以分为两种：基本组件和容器组件。基本组件又称构件，如按钮、文本框之类的图形界面元素。容器是一种比较特殊的组件，可以容纳其他组件（包括基本组件和容器组件），如窗口、对话框等。

AWT 组件位于 java.awt 包中，包中部分类以及类之间的关系如图 8.1 所示。

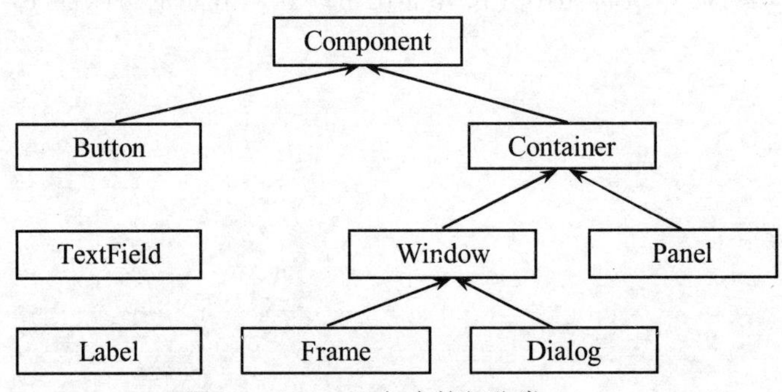


图 8.1　java.awt 包中的部分类

Component 是所有 AWT 组件类的父类，基本组件有按钮、文本框、标签等，基本组件一定是显示在容器中，还有很多基本组件并没有在图 8.1 中给出。Container 是容器类的父类，容器分为两类：顶层容器和中间容器。顶层容器是独立存在的，可以容纳其他容器和基本组件，但不能放在其他容器中，如 Window、Frame 和 Dialog。中间容器不能单独存在，必须放置在其他容器中，如 Panel。

图形界面编程的基本过程是首先创建顶层容器，然后在顶层容器中放置需要的中间容器或基本组件，最后处理各种事件（如按钮的单击事件、组合框选择改变的事件、鼠标移动事件等）。

### 8.1.2　Frame 组件与 Panel 组件

Frame 是带标题和边框的顶层窗体，Panel 是一个最简单的容器类，也称为面板，它提供空间放置其他组件，包括其他 Panel。下面通过几个例子来体验一下这两个组件的用法。

**例 8.1**　显示框架窗口。

```
public class TestFrame {
        public static void main( String args[]) {
                Frame f = new Frame("My First Test");
                f.setLocation(100, 300);
                f.setSize( 300,200);
                f.setBackground( Color.blue);
                f.setResizable(false);
                f.setVisible( true);
        }
}
```

运行结果如图 8.2 所示。

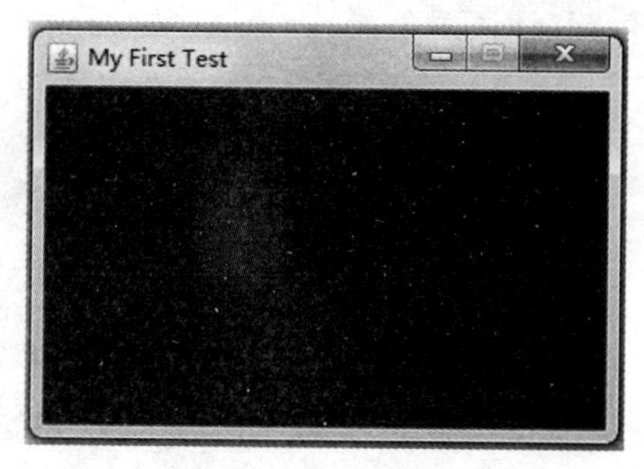


图 8.2　Frame 窗口

在主方法中，首先创建 Frame 对象，通过构造方法的参数指定窗口的标题，然后通过一组 set 方法设置窗口的属性，f.setLocation()设置窗口左上角坐标、setSize()设置窗口的宽和高、setBackground()设置背景颜色、setResizable(false)设置窗口大小不可改变（如果参数为 true，则大小可以调整）、setVisible(true)设置窗口可见（如果参数为 false，则窗口不可见）。

**例 8.2**　显示多个框架窗口。

为了定义自己的窗口风格，首先创建 MyFrame 类，MyFrame 类继承 Frame 类，代码如下：

```
public class MyFrame extends Frame {
        static int id = 0;
        MyFrame(int x,int y,int w,int h,Color color){
                super("MyFrame " + (++id));
                setBackground(color);
                setBounds(x,y,w,h);
                setVisible(true);
        }
}
```

MyFrame 类中定义静态属性 id，用于记录创建 MyFrame 对象的个数，在构造方法中首先调用父类的构造方法设置窗口标题，然后设置其他窗口属性，包括背景颜色、窗口左上角坐标和大小，以及设置窗口可见性。setBounds()方法的前两个参数是窗口左上角坐标，后两个参数是窗口的大小。

然后创建 Test 类，在主方法中创建多个 MyFrame 对象，代码如下：

```
public class Test {
    public static void main(String args[]) {
        MyFrame f1 = new MyFrame(100,100,300,100,Color.BLUE);
        MyFrame f2 = new MyFrame(400,100,300,100,Color.YELLOW);
        MyFrame f3 = new MyFrame(100,200,300,100,Color.GREEN);
        MyFrame f4 = new MyFrame(400,200,300,100,Color.MAGENTA);
    }
}
```

Test 类的主方法中创建 4 个 MyFrame 对象，通过构造方法的参数指定窗口的位置、大小和背景色，运行结果如图 8.3 所示。

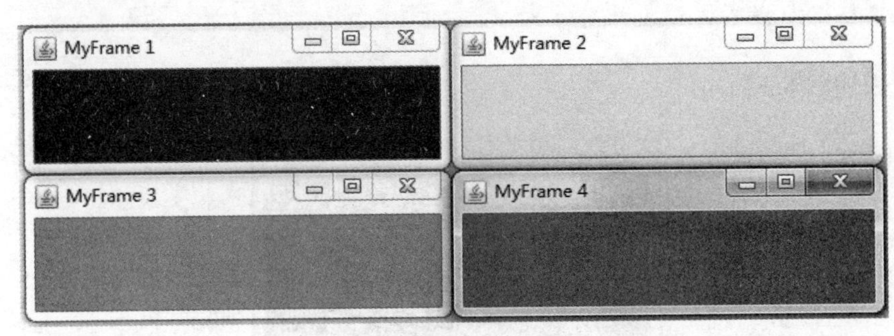


图 8.3　创建多个窗口

读者可以对照运行结果与 4 个 MyFrame 对象的构造方法参数进行分析，理解窗口位置坐标和大小的含义。

**例 8.3**　在框架窗口（Frame）中显示一个面板（Panel）。

创建 TestPanel 类，代码如下：

```
public class TestPanel {
    public static void main(String args[]) {
        Frame f = new Frame("Java Frame with Panel");
        Panel p = new Panel(null);
        f.setLayout(null);
        f.setBounds(100,100,300,200);
        f.setBackground(new Color(0,0,102));
        p.setBounds(50,50,200,100);
        p.setBackground(Color.RED);
        f.add(p);
        f.setVisible(true);
    }
}
```

运行结果如图 8.4 所示。

在主方法中，首先创建一个 Frame 对象和一个 Panel 对象，语句 f.setLayout(null);表示窗口不使用布局管理器，这样窗口中各组件的位置由组件自己通过 setBounds()方法或 setLocation()方法指定，有关布局管理器的内容稍后介绍；然后设置窗口及面板的位置、大小和背景色；最后窗口对象通过调用 add()方法将面板加入到窗口中。注意这里将面板添加到窗口中，因此面板的位置坐标是相对于窗口左上角的。

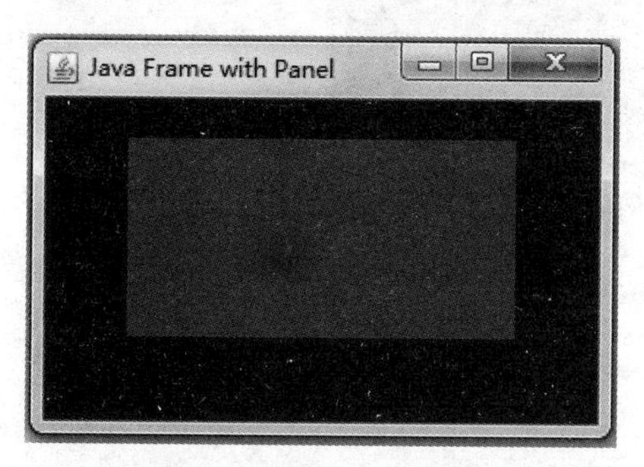


图 8.4　窗口中显示面板

**例 8.4**　在框架窗口（Frame）中显示多个面板。

创建 MyFrame 类，代码如下：

```
public class MyFrame extends Frame {
    private Panel p1,p2,p3,p4;
    MyFrame(String s,int x,int y,int w,int h){
        super(s);
        setLayout(null);
        p1 = new Panel();
        p2 = new Panel();
        p3 = new Panel();
        p4 = new Panel();
        p1.setBounds(0,0,w/2,h/2);
        p2.setBounds(0,h/2,w/2,h/2);
        p3.setBounds(w/2,0,w/2,h/2);
        p4.setBounds(w/2,h/2,w/2,h/2);
        p1.setBackground(Color.BLUE);
        p2.setBackground(Color.GREEN);
        p3.setBackground(Color.YELLOW);
        p4.setBackground(Color.MAGENTA);
        add(p1);
        add(p2);
        add(p3);
        add(p4);
        setBounds(x,y,w,h);
        setVisible(true);
    }
}
```

创建 Test 类，代码如下：

```
public class Test {
    public static void main(String[] args) {
        new MyFrame("MyFrame With Panel",300,300,400,300);
    }
}
```

运行结果如图 8.5 所示。

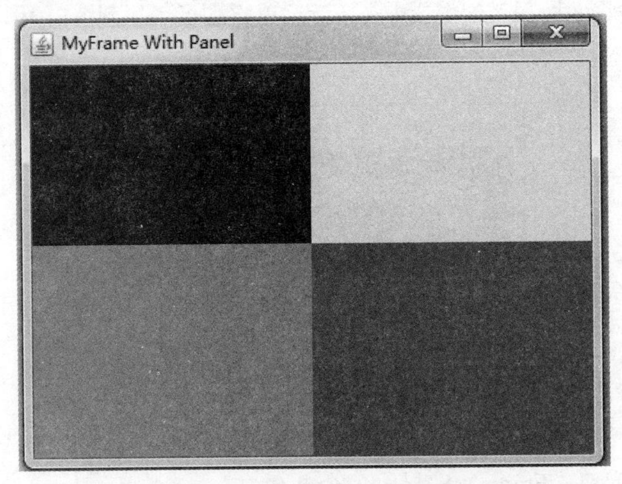


图 8.5　在窗口中添加多个面板

MyFrame 类定义 4 个 Panel 属性，并在构造方法中创建 Panel 对象，构造方法的参数分别是窗口标题和窗口的位置及大小。将每个 Panel 的大小设置为窗口的 1/4，并分布在上下左右四个位置，设置为不同的背景色。

### 8.1.3　布局管理器

在前面的例子中，Panel 在 Frame 中的位置都是 Panel 自己指定的，如果容器中的组件较多、窗口大小可以改变等情况经常发生，则由组件自己指定位置的方法比较麻烦并会产生问题。比如在例 8.4 的程序运行后，改变窗口的大小，观察一下窗口的变化。

实际上，组件在容器中的位置可以由布局管理器决定，不需要自己指定。常用的布局管理器有 FlowLayout、BorderLayout、GridLayout、CardLayout 和 GridBagLayout 等，这些布局管理器都实现了 LayoutManage 接口。

每个容器都有布局管理器，可用 setLayout()方法设置容器使用的布局管理器。在前面的程序中，我们通过语句 setLayout(null);将窗口设置为不使用布局管理器，否则 Frame 的默认布局管理器是 BorderLayout，而 Panel 的默认布局管理器是 FlowLayout。

下面分别介绍 FlowLayout、BorderLayout、GridLayout 三种布局管理器的使用方法。

1. FlowLayout

FlowLayout 按照组件添加到容器中的顺序从左到右、从上到下依次排列，因此也称为流式布局，是 Panel 的默认布局。

**例 8.5**　使用 FlowLayout 在框架窗口（Frame）中显示多个按钮。

创建 TestFlowLayout 类，代码如下：

```
public class TestFlowLayout {
    public static void main(String args[]) {
        Frame f = new Frame("Java Frame");
        FlowLayout l = new FlowLayout();
//      FlowLayout l = new FlowLayout(FlowLayout.LEFT);
//      FlowLayout l = new FlowLayout(FlowLayout.CENTER);
```

```
//          FlowLayout l = new FlowLayout(FlowLayout.CENTER, 10, 20);
            f.setLayout(l);
            f.setLocation(300,400);
            f.setSize(300,200);
            f.setBackground(new Color(204,204,255));
            for(int i = 1; i<=7; i++){
                f.add(new Button("BUTTON"+i));
            }
            f.setVisible(true);
        }
    }
```

运行结果如图 8.6 所示。

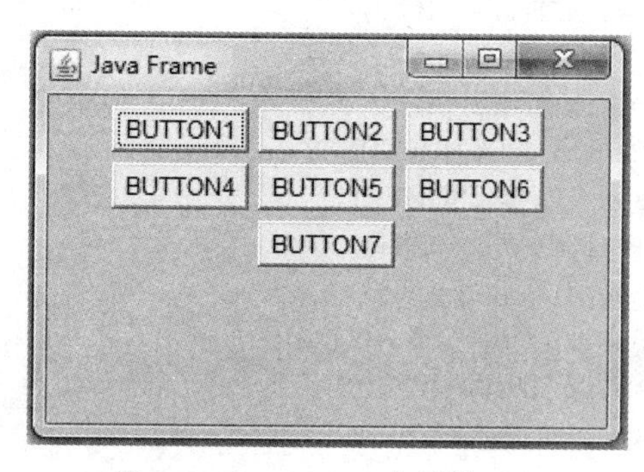


图 8.6　FlowLayout 布局管理器

在主方法中定义 FlowLayout 对象，并将其设置为窗口的布局管理器，通过循环在窗口中添加 7 个按钮。在创建按钮（Button）对象时，可以通过构造方法的参数为按钮指定标题。

FlowLayout 布局尽量将按钮放在第一行，第一行放不下时再放第二行，然后再第三行、第四行等。

分别使用程序中注释掉的创建 FlowLayout 对象的语句，观察程序的运行结果。

FlowLayout 类有以下三个构造方法：

- 没有参数的构造方法 FlowLayout()：构造一个新的 FlowLayout 对象，它是居中对齐的，默认组件之间的水平和垂直间隙是 5 个像素。
- 带有一个参数的构造方法 FlowLayout(int align)：构造一个新的 FlowLayout 对象，它具有指定的对齐方式，默认组件之间的水平和垂直间隙是 5 个像素。
- 带有三个参数的构造方法 FlowLayout(int align, int hgap, int vgap)：创建一个新的 FlowLayout 对象，它具有指定的对齐方式以及指定的水平和垂直间隙。

对齐方式有LEFT（左对齐）、RIGHT（右对齐）、CENTER（居中对齐）、LEADING（与容器方向的开始边对齐）和TRAILING（与容器方向的结束边对齐）。

2. BorderLayout

BorderLayout 布局管理器把容器的布局分为东、西、南、北、中五个区域：EAST、WEST、SOUTH、NORTH、CENTER，对应屏幕的上（NORTH）、下（SOUTH）、左（WEST）、右（EAST）、中（CENTER）。

可以把组件放在这五个位置的任意一个，如果未指定位置，则默认位置是 CENTER。南、北区域控件各占据一行，控件宽度将自动布满整行，东、西和中间区域占据一列。若东、西、南、北区域无组件，则中间组件将自动布满整个屏幕；若东、西、南、北区域中无论哪个位置没有组件，则中间位置组件将自动占据没有组件的位置。

BorderLayout 是窗口和对话框的默认布局。

**例 8.6** 使用 BorderLayout 在框架窗口（Frame）中显示 5 个按钮。

```
public class TestBorderLayout {
    public static void main(String args[]) {
        Frame f;
        f = new Frame("Border Layout");
        Button bn = new Button("BN");
        Button bs = new Button("BS");
        Button bw = new Button("BW");
        Button be = new Button("BE");
        Button bc = new Button("BC");
        f.add(bn, BorderLayout.NORTH);
        f.add(bs, BorderLayout.SOUTH);
        f.add(bw, BorderLayout.WEST);
        f.add(be, BorderLayout.EAST);
        f.add(bc, BorderLayout.CENTER);
        f.setBounds(200,200,300,200);
        f.setVisible(true);
    }
}
```

运行结果如图 8.7 所示。

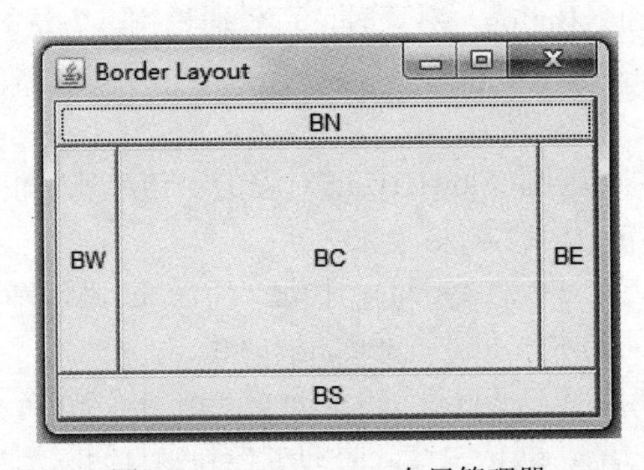


图 8.7 BorderLayout 布局管理器

由于 Frame 的默认布局管理器就是 BorderLayout，因此这里不需要设置 Frame 的布局管理器。

BorderLayout 布局的任何一个区域不仅可以添加一个基本组件，还可以添加容器组件（如 Panel），因此可以实现各种复杂的布局要求。

BorderLayout 构造方法有两个：一个是不带参数的构造方法 BorderLayout()，另一个是带有两个参数的构造方法 BorderLayout( int hgap, int vgap)，用于指定水平间距和垂直间距。

其中 hgap 指定组件间的水平间距，vgap 指定组件间的垂直间距。如不指定间距，默认间距为 0。

### 3. GridLayout

GridLayout 以矩形网格形式对容器的组件进行布局，也称为网格布局管理器。容器被分成大小相等的矩形，一个矩形中放置一个组件。

**例 8.7**　使用 GridLayout 在框架窗口（Frame）中显示 7 个按钮。

```
public class TestGridLayout {
    public static void main(String args[]) {
        Frame f = new Frame("GridLayout Example");
        Button b1 = new Button("button1");
        Button b2 = new Button("button2");
        Button b3 = new Button("button3");
        Button b4 = new Button("button4");
        Button b5 = new Button("button5");
        Button b6 = new Button("button6");
        Button b7 = new Button("button7");
        f.setLayout (new GridLayout(3,3));
        f.add(b1);
        f.add(b2);
        f.add(b3);
        f.add(b4);
        f.add(b5);
        f.add(b6);
        f.add(b7);
        f.setSize(250,150);
        f.setVisible(true);
    }
}
```

运行结果如图 8.8 所示。

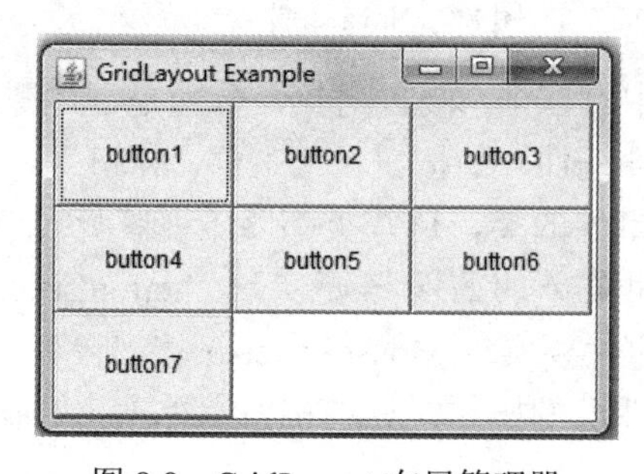


图 8.8　GridLayout 布局管理器

使用 setLayout()方法将窗口设置为 3 行 3 列的网格布局管理器，按组件加入的顺序从左到右、从上到下依次填充各个网格。

GridLayout 有以下三个构造方法：

- GridLayout()：创建只有一行的网格布局管理器，每个组件占一列。
- GridLayout( int rows, int cols)：创建指定行数和列数的网格布局管理器。
- GridLayout(int rows, int cols, int hgap, int vgap)：创建指定行数和列数，以及组件间的水平间距和垂直间距的网格布局管理器。如不指定组件间的间距，默认值为 0。

综合使用 FlowLayout、BorderLayout 和 GridLayout 可以设计出各种复杂的界面。

### 8.1.4 事件处理

前面的例子中，我们只是将界面设计出来，并没有实现任何功能。而在实际程序中，每个按钮都应该对应相应的功能，比如单击“保存”按钮，对应保存文件的功能，单击“打开”按钮，对应打开文件的功能。

按钮（称为事件源）被单击这件事（称为事件）是如何被处理的呢？Java 的处理方法是创建一个处理这一事件的类来监听某种事件，因此也称这个类为监听器类。当然监听器不会自动去监听某个事件源所产生的事件，必须要将监听器与事件源关联起来，才能监听该事件源产生的事件。建立监听器与事件源关联的过程也称为监听器向事件源注册。

Java 事件处理的过程如图 8.9 所示。

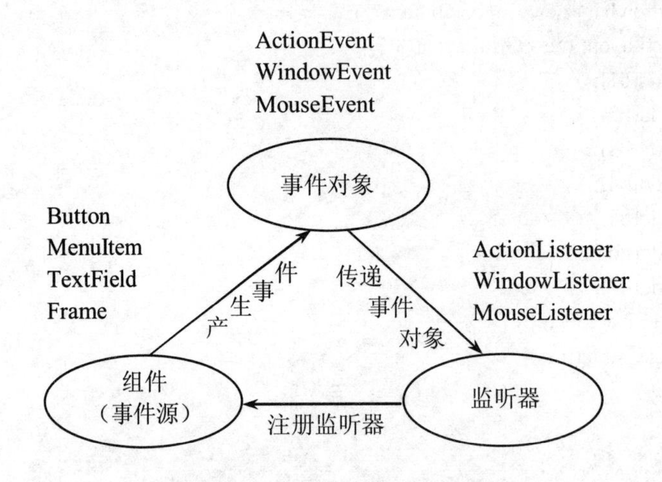


图 8.9 Java 事件处理流程

在完成事件处理的过程中有三个重要的对象，分别是事件源、监听器和事件对象。

事件源就是界面中的各种组件，如按钮、文本框、窗口等。

监听器就是接收并处理事件的类，这些类都要实现监听接口，不同的事件监听器要实现不同的监听接口，如按钮和菜单的监听器要实现 ActionListener 接口、窗口事件要实现 WindowListener 接口、鼠标事件要实现 MouseListener 接口等。

事件一般是指用户对事件源的操作，如在按钮上单击、在窗口中移动鼠标、选择某个菜单项等。

监听器类要实现监听接口中的方法，也就是处理事件的方法。

一旦监听器注册到某个组件上，当这个组件产生事件时，Java 将这一事件包装成一个事件对象，这个对象包含了事件源的信息和事件信息。如在窗口中按下鼠标时，这个对象所包含的事件源就是按下鼠标的窗口，事件信息就是鼠标按下，如果在窗口中松开鼠标，则事件信息就是鼠标松开。

然后将这个事件对象传递给监听器中处理相应事件的方法（如鼠标监听器有处理鼠标按下的方法、鼠标松开的方法和鼠标单击的方法等），由这些处理事件的方法做出相应的处理。

1. 按钮的事件处理

按钮是界面中常见的组件之一，按钮上通常是显示一个标签或一个图标。AWT 实现按钮的类是 Button，当单击鼠标时，AWT 发送 ActionEvent 事件对象到监听器，由监听器处理该事件的方法进行处理。

**例 8.8** 在窗口中放置两个按钮，分别单击两个按钮，输出不同的信息。

本实例程序需要创建两个类：主程序类和监听器类，为了方便将两个类放在了同一个文件中。

```
public class TestActionEvent {
    public static void main(String args[]) {
        Frame f = new Frame("Test ActionEvent");
        Button b1 = new Button("Start");
        Button b2 = new Button("Stop");
        Monitor m = new Monitor();
        b1.addActionListener(m);
        b2.addActionListener(m);
        b2.setActionCommand("game over");
        f.add(b1,"North");
        f.add(b2,"Center");
        f.setLocation(300,200);
        f.pack();
        f.setVisible(true);
    }
}
class Monitor implements ActionListener {
    public void actionPerformed(ActionEvent e) {
        System.out.println("A button has been pressed!");
        System.out.println("The relative info is:" + e.getActionCommand());
    }
}
```

程序中创建监听器类 Monitor，因为要监听按钮事件，就要实现 ActionListener 接口。ActionListener 接口中的唯一方法 actionPerformed()负责处理 Action 事件，其参数包含了事件源的信息。

在窗口中添加两个按钮 Start 和 Stop，并通过 addActionListener()方法注册监听器。完成注册后，一旦在按钮上单击，就会将单击事件封装成 ActionEvent 对象传给监听器的 actionPerformed()方法。

程序运行后，如果单击 Start 按钮，则输出如下信息：

```
A button has been pressed!
The relative info is:Start
```

如果单击 Stop 按钮，则输出如下信息：

```
A button has been pressed!
The relative info is:game over
```

在程序中，通过 setActionCommand("game over");语句将 Stop 按钮的 ActionCommand 设置

为 game over。单击 Start 按钮，e.getActionCommand()的返回值是 Start；单击 Stop 按钮，e.getActionCommand()的返回值是 game over。说明如果不设置按钮的 ActionCommand，则其值是按钮上显示的文本。

如果多个按钮使用同一个监听器，可以根据 getActionCommand()方法的返回值来区分是哪一个按钮发生的事件。

想在 actionPerformed()方法中获取事件按钮的标签文本，也可以使用以下代码：

```
Button b = (Button) e.getSource();
System.out.println(b.getLabel());
```

e.getSource()方法返回 Object 对象，就是产生事件的事件源对象，实例中的事件源肯定是 Button，因此将其强制转换成 Button 对象，再调用 getLabel()方法得到按钮上的标签文本。

2. 文本框的事件处理

AWT 的文本框组件是 TextField，在文本框中按回车键也会产生 ActionEvent 事件，然后将事件对象发送给对应的监听器。

另外当文本框的内容改变时还会产生 TextEvent 事件，可以创建一个实现 TextListener 接口的类来监听 TextEvent 事件。

**例 8.9** 在窗口中放置一个文本框，当文本框的内容改变时，输出一个内容变化的通知，并显示当前文本框的内容。在文本框中输入文字后按回车键，输出文本框的内容并将文本框的内容清空。

由于要监听两种事件，因此创建两个监听器类，一个监听 ActionEvent 事件，另一个监听 TextEvent 事件。

通常，一个监听器类只用于监听一个类中的组件，因此可以将监听器类设计为被监听类的内部类，这样在监听器类中就可以方便地访问外部类的成员。

```
public class TFActionEvent {
    public static void main(String[] args) {
        new TextFeildFrame();
    }
}
class TextFeildFrame extends Frame{
    TextField tf;
    public TextFeildFrame(){
        tf = new TextField();
        tf.addActionListener(new TFActionListener());
        tf.addTextListener(new TFTextListener());
        this.add(tf);
        this.setLocation(300,200);
        this.pack();
        this.setVisible(true);
    }
    class TFActionListener implements ActionListener
    {
        public void actionPerformed(ActionEvent e)
        {
```

```
                TextField tf = (TextField)e.getSource();
                System.out.println("Enter pressed: " + tf.getText());
                tf.setText("");
                //System.out.println(tf.getText());
                //tf.setText("");
            }
        }
        class TFTextListener implements TextListener
        {
            public void textValueChanged(TextEvent e) {
                System.out.print("Change: ");
                System.out.println(tf.getText());
            }
        }
    }
```

在 TextFieldFrame 类中定义一个文本框属性，并在构造方法中创建文本框对象。将两个监听器类定义为 TextFieldFrame 的内部类。

TFActionListener 类实现 ActionListener 接口，在 actionPerformed()方法中可以根据其参数获得发送事件的文本框对象，然后调用 TextField 的方法 getText()获取文本框的内容并输出，最后调用 TextField 的方法 setText()将文本框的内容清空。由于 TFActionListener 是 TextFieldFrame 类的内部类，因此也可以直接访问 TextFieldFrame 类成员（包括私有成员），可以用以下两行代码实现同样的功能：

```
System.out.println(tf.getText());
tf.setText("");
```

TFTextListener 类实现 TextListener 接口，该接口只有一个方法 textValueChanged()，其参数是一个 TextEvent 对象，包含发送事件的文本框的信息，只要文本框的内容发生变化就会产生此事件，并将事件对象传递给该方法。同样可以使用两种方法来获得发送事件的文本框对象，这里我们使用直接访问外部类成员的方法。

运行程序，在文本框中输入一些字符，观察输出的内容，然后按回车键，再观察输出的内容。

如果需要输入密码，可以调用 setEchoChar()方法设置文本框的回显字符，例如以下代码：

```
TextField tf = new TextField();
tf.setEchoChar('*');
```

这样不论在文本框中输入什么字符都会显示为星号，当然可以将回显字符设置为任何字符。

文本框TextField组件的构造方法有以下 4 个：

- 没有参数的构造方法TextField()：构造一个新的文本框。
- 带有一个整型参数的构造方法TextField(int columns)：构造具有指定列数的文本框，列的宽度是近似平均字符宽度。
- 带有一个字符串参数的构造方法TextField(String text)：构造一个新的文本框，使用参数指定的字符串作为文本框的初值。
- 带有一个字符串参数和一个整型参数的构造方法TextField(String text, int columns)：构造具有指定列数和初值的文本框。

文本框TextField组件最常用的方法有 setText()和 getText()。setText()方法用于设置文本框的值，getText()方法获取文本框中的值。

### 8.1.5 适配器

1. 窗口事件的处理

在前面的程序中，单击窗口右上角的关闭按钮，并不能将窗口关闭，也没有完成退出程序的功能，要实现关闭窗口和退出程序的功能需要处理窗口事件。

AWT 中处理窗口事件的类是 WindowEvent，窗口事件包括打开窗口、关闭窗口等各种事件，窗口监听器类要实现 WindowListener 接口，该接口有以下 7 个抽象方法，分别对应 7 种事件：

- void WindowOpened(WindowEvent e)：窗口打开（窗口首次显示时）。
- void WindowClosing(WindowEvent e)：窗口正在关闭（通过关闭按钮关闭窗口时）。
- void WindowClosed(WindowEvent e) ：窗口关闭。
- void WindowIconFied(WindowEvent e) ：窗口图标化（最小化窗口）。
- void WindowDeiconFied(WindowEvent e)：窗口取消图标化（从最小化还原窗口）。
- void WindowActivated(WindowEvent e)：窗口激活（获取焦点）。
- void WindowDeactivated(WindowEvent e)：窗口失活（失去焦点）。

通常在程序中不一定要监听所有这些事件，比如我们要关闭程序，只需要监听处理窗口关闭的事件即可。

**例 8.10** 程序运行后，窗口显示，然后单击右上角的关闭按钮，将程序关闭。

```
public class TestWindowClose {
    public static void main(String args[]) {
        new MyFrame();
    }
}
class MyFrame extends Frame {
    MyFrame() {
        setBounds(300, 300, 300, 200);
        this.addWindowListener(new WindowMonitor());
        setVisible(true);
    }
    class WindowMonitor implements WindowListener {
        public void windowClosing(WindowEvent e) {
            setVisible(false);
            System.exit(0);
        }
        public void windowClosed(WindowEvent arg0) {
        }
        public void windowActivated(WindowEvent arg0) {
        }
        public void windowDeactivated(WindowEvent arg0) {
        }
```

```
            public void windowDeiconified(WindowEvent arg0) {
            }
            public void windowIconified(WindowEvent arg0) {
            }
            public void windowOpened(WindowEvent arg0) {
            }
        }
    }
```

在监听器的 windowClosing()方法中，添加窗口消失和退出程序的代码，实现了窗口的关闭和程序的退出。

运行程序，单击窗口的关闭按钮就可以退出程序了。

在这个程序中，虽然我们只是用到监听器中的一个方法，但必须将接口中的所有方法都写出来（否则我们的监听器就是抽象类），比较麻烦，为此 Java 提供了窗口事件适配器类，我们的监听器类可以继承这个适配器类来简化代码，使用适配器类重写上面的程序如下：

```
public class TestWindowAdapter {
    public static void main(String[] args) {
        new MyFrame();
    }
}
class MyFrame extends Frame {
    MyFrame() {
        setBounds(300, 300, 400, 300);
        this.addWindowListener(new WindowMonitor());
        setVisible(true);
    }
    class WindowMonitor extends WindowAdapter {
        public void windowClosing(WindowEvent e) {
            setVisible(false);
            System.exit(0);
        }
    }
}
```

事实上，WindowAdapter 类实现了 WindowListener 接口，实现了接口中的 7 个方法，只不过 7 个方法都是空的，这样我们的监听器类从 WindowAdapter 类继承，就不需要将用不到的方法再写一遍了。

对于方法较多的监听接口，Java 都提供了相对应的适配器，比如鼠标监听接口、键盘监听接口等都有对应的适配器。

2. 键盘事件的处理

将键盘上的键按下、释放或者在一个键上敲击，就会触发键盘事件。KeyEvent 对象描述键盘事件的有关信息，KeyListener 接口用于处理键盘事件。

KeyListener 接口有三个方法：KeyPressed、KeyReleased 和 KeyTyped，为了使用方便，也提供了键盘事件适配器。在编写键盘监听器类时，既可以实现 KeyListener 接口，也可以从适配器类 KeyAdapter 继承。

**例 8.11** 编写程序，如果按下字符键时输出该字符，如果按下非字符键时输出该键相关的信息。

```
public class TestKeyAdapter {
    public static void main(String[] args) {
        new TestKeyFrame();
    }
}
class TestKeyFrame extends Frame {
    public TestKeyFrame() {
        setSize(200, 200);
        setLocation(300,300);
        addKeyListener(new KeyMonitor());
        addWindowListener(new WindowMonitor());
        setVisible(true);
    }
    class KeyMonitor extends KeyAdapter {
        public void keyTyped(KeyEvent e) {
            char c = e.getKeyChar();          //对应 keyTyped
            System.out.println(c);
        }
        public void keyPressed(KeyEvent e) {
            int keyCode = e.getKeyCode();       //对应 keyPressed 和 keyReleased
            if(keyCode == KeyEvent.VK_UP) {
                System.out.println("UP");
            }
            if(keyCode == KeyEvent.VK_DOWN) {
                System.out.println("DOWN");
            }
            if(keyCode == KeyEvent.VK_END) {
                System.out.println("END");
            }
            if(keyCode == KeyEvent.VK_F1) {
                System.out.println("F1");
            }
            if(keyCode == KeyEvent.VK_SHIFT) {
                System.out.println("Shift");
            }
        }
    }
    class WindowMonitor extends WindowAdapter {
        public void windowClosing(WindowEvent e) {
            setVisible(false);
            System.exit(0);
        }
    }
}
```

这里我们选择键盘监听器类从 KeyAdapter 类继承。

每个按键事件有一个相关的按键字符和按键代码，分别由 KeyEvent 中的 getKeyChar()和 getKeyCode()方法返回。

getKeyChar()方法返回的是每次敲击键盘后得到的字符。键盘上每一个键都有对应的键码，可用来检查用户按了什么键，getKeyCode()方法的返回值就是这个键码。注意 getKeyCode()方法只能用在 keyPressed()或 keyReleased()方法中，不能用在 keyTyped()方法中。而 getKeyChar()方法只能用在 keyTyped()方法中，不能在 keyPressed()或 keyReleased()方法中使用。

Java 为每个键码都定义了常量，部分键的键码常量如下：

page up 键：KeyEvent.VK_PGUP。

page down 键：KeyEvent.VK_PGDN。

end 键：KeyEvent.VK_END。

上箭头：KeyEvent.VK_UP。

下箭头：KeyEvent.VK_DOWN。

F1～F12：KeyEvent.VK_F1～KeyEvent.VK_F12。

运行程序，试着按下一些字符以及这些功能键，观察输出情况。

## 8.2　Graphics 类

Graphics 类提供基本的几何图形绘制方法，主要有画线段、画矩形、画椭圆、画圆弧、画多边形等。

Graphics 是一个抽象类，不能直接产生实例，Java AWT 组件都有 Paint()方法，该方法有 Graphics 参数。但传入的参数不是 Graphics 类的实例，而是其某个子类的一个实例（这个子类就是 sun.java2d.SunGraphics2D）。

### 8.2.1　在 paint()方法中绘图

由于 Graphics 是一个抽象类，因此我们在程序中不能使用 new 创建一个Graphics对象，而 Component 类提供了一个 paint()方法，该方法的参数就是Graphics对象，可以使用该Graphics对象完成绘图的任务。当组件需要重画时，系统会自动调用 paint()方法，因此在 paint()方法中画出的图形会一直显示在组件中。

**例 8.12**　在窗口中输出简单的图形。

```
public class TestPaint {
    public static void main(String[] args) {
        new PaintFrame();
    }
}
class PaintFrame extends Frame{
    public PaintFrame () {
        setBounds(200,200,400,320);
        this.addWindowListener(new WindowMonitor());
        setVisible(true);
```

```
        }
        public void paint(Graphics g) {
            super();
            Color c = g.getColor();
            g.setColor(Color.red);
            g.fillOval(50, 50, 30, 30);
            g.setColor(Color.green);
            g.fillRect(80,80,40,40);
            g.drawRect(120, 120, 50, 100);
            g.setColor(Color.blue);
            g.drawOval(120, 120, 50, 100);
            g.fill3DRect(230, 120, 60, 60, false);
            g.setColor(c);
        }
        class WindowMonitor extends WindowAdapter {
            public void windowClosing(WindowEvent e) {
                setVisible(false);
                System.exit(0);
            }
        }
    }
```

程序运行结果如图 8.10 所示。

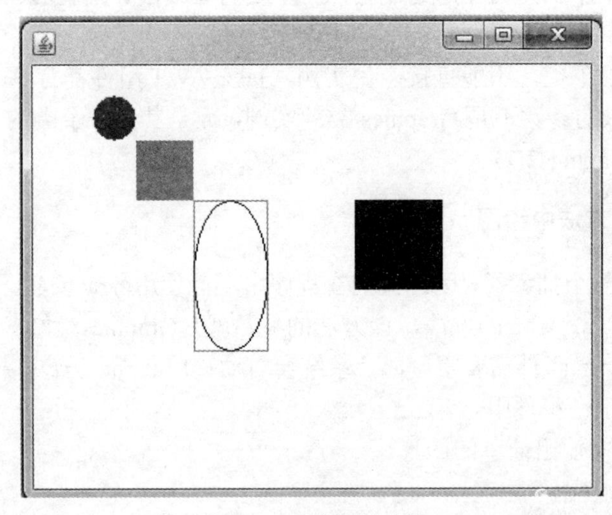

图 8.10　程序运行结果

在 PaintFrame 类中重写了父类 Frame 的 paint()方法，其参数是 Graphics 对象 g，首先获取对象 g 使用的颜色并保存在 c 中，然后将 g 的颜色设置为红色（Color.red），填充椭圆，再将颜色设置为绿色（Color.green），填充一个矩形，画一个矩形，再用蓝色（Color.blue）画一个椭圆和一个三维矩形，最后将 g 的颜色设置回原来的颜色。

当我们将窗口拖到显示区域的外面，或者被别的窗口盖住后，再重新显示时，会看到所画的图形仍然都显示在窗口中，这就是 paint()方法被重新调用的结果。

除了在 paint()方法中画出各种图形，还可以在 paintComponent()方法中实现画图功能。事实上，paint()方法会调用 paintComponent()方法。

### 8.2.2　repaint()方法

在组件需要重新显示时，系统会自动调用 paint()方法，如果程序在组件中绘制了新的图形或修改了图形，有时也需要重新绘制组件，如果调用 paint()方法，则需要为其准备一个 Graphics 对象作为方法的参数。这时可以调用 repaint()方法，让 repaint()方法准备参数并调用 paint()方法。

**例 8.13**　在第 5 章中讲过圆类和矩形类，当时还不知道如何将这些图形画出来。下面实现在窗口中通过单击按钮随机画出圆形或矩形，圆的半径以及矩形的长宽都是随机的，每单击一次画一个图形。

首先将 Shape 类、Circle 类和 Rectangle 类给出，由于这三个类与第 5 章中的类基本一致，只是实现了画图的方法，现将三个类的代码列出如下：

```
public abstract class Shape{
    protected int x;
    protected int y;
    protected Color color;
    public Shape(int x, int y, Color color) {
        super();
        this.x = x;
        this.y = y;
        this.color = color;
    }
    public abstract void draw(Graphics g);
}
public class Circle extends Shape {
    private int radius;
    public Circle(int x, int y, Color color, int radius) {
        super(x, y, color);
        this.radius = radius;
    }
    public void draw(Graphics g) {
        Color c = g.getColor();
        g.setColor(color);
        g.drawOval(x-radius, y-radius, radius, radius);
        g.setColor(c);
    }
}
public class Rectangle extends Shape {
    private int width;
    private int height;
    public Rectangle(int x, int y, Color color, int width, int height) {
        super(x, y, color);
        this.width = width;
        this.height = height;
```

```
        }
        public void draw(Graphics g) {
                Color c = g.getColor();
                g.setColor(color);
                g.drawRect(x-width/2, y-width/2, width, height);
                g.setColor(c);
        }
}
```

方法 drawOval()用于画椭圆，四个参数分别是椭圆外切矩形的左上角坐标和长宽。方法 drawRect()用于画矩形，四个参数分别是矩形的左上角坐标和长宽。

有了这三个类之后，再设计 GraphicsFrame 类和 TestRepaint 类，代码如下：

```
public class TestRepaint {
        public static void main(String[] args) {
                GraphicsFrame gf = new GraphicsFrame();
        }
}
class GraphicsFrame extends Frame{
        ArrayList<Shape> list = new ArrayList<Shape>();
        Button bt;
        public GraphicsFrame(){
                bt = new Button("画图");
                bt.addActionListener(new MyListener());
                this.add(bt,BorderLayout.NORTH);
                this.setBackground(new Color(240,240,240));
                this.setBounds(100,100,800,600);
                this.setVisible(true);
        }
        class MyListener implements ActionListener{
                public void actionPerformed(ActionEvent e) {
                        int type = (int) (Math.random()*2);
                        int x = (int)(Math.random()*400) + 200;
                        int y = (int)(Math.random()*300) + 200;
                        int width = (int)(Math.random()*200);
                        int height = (int)(Math.random()*200);
                        int r = (int)(Math.random()*255);
                        int g = (int)(Math.random()*255);
                        int b = (int)(Math.random()*255);
                        Shape s = null;
                        if(type == 0){
                                s = new Rectangle(x,y,new Color(r,g,b),width,height);
                        }
                        else{
                                s = new Circle(x,y,new Color(r,g,b),width);
                        }
                        list.add(s);
                        repaint();
```

```
            }
        }
        public void paint(Graphics g) {
            super.paint(g);
            for(Shape s : list){
                s.draw(g);
            }
        }
    }
```

GraphicsFrame 类也很简单，包含一个按钮属性和一个链表 list 属性。其中链表 list 中保存的是 Shape 对象，每单击一次按钮画一个图形，并将图形对象保存在 list 中。在构造方法中创建窗口和按钮组件、注册按钮监听器，并设置窗口大小和背景色等。在 paint()方法中，通过循环将 list 中的图形全部画出来。

主要工作是在监听器中完成的。在 actionPerformed()方法中，首先通过产生随机数来确定图的类型、图形的中心坐标、图形的长和宽以及边框颜色；然后创建图形对象，并将图形对象添加到链表 list 中；最后调用 repaint()方法，由 repaint()方法完成对 paint()方法的调用，将 list 中的所有图形重新显示出来。

运行程序，多次单击“画图”按钮，观察所画出的图形。

## 8.3　Swing 组件界面设计

Swing 组件存放在 javax.swing 包中，与 AWT 类似 Swing 组件也包括顶层容器、中间容器和基本组件。

### 8.3.1　顶层容器

Swing 的顶层容器有 JFrame 和 JDialog。

1. JFrame

JFrame 对象不能直接使用 add()方法添加组件，也不能通过 setLayout()方法设置布局。每个 JFrame 对象都有一个与之关联的内容面板 Container 类的对象，只能针对这个对象设置布局及添加组件。Container 的默认布局管理器是 BorderLayout。

JFrame 类的 getContentPane()方法获得它的内容面板，也可以通过 setContentPane(Container contentPane)方法重新设置内容面板。

**例 8.14**　在窗口中显示一个按钮，单击按钮退出程序，单击窗口右上角的关闭按钮也退出程序。

```
public class TestJFrame {
    public static void main(String[] args) {
        new MyJFrame();
    }
}
class MyJFrame extends JFrame{
    JButton button = new JButton("退出程序");
```

```
    public MyJFrame(){
        super("Swing 窗口");
        this.setBounds(100,100,300,200);
        this.setDefaultCloseOperation(JFrame.EXIT_ON_CLOSE);
        Container c = this.getContentPane();
        c.setLayout(new FlowLayout());
        c.add(button);
        button.addActionListener(new Moniter());
        this.setVisible(true);
    }
    class Moniter implements ActionListener{
        public void actionPerformed(ActionEvent arg0) {
            System.exit(0);
        }
    }
}
```

在 JFrame 中，可以通过 setDefaultCloseOperation(JFrame.EXIT_ON_CLOSE);实现窗口右上角关闭按钮的功能，比 Frame 要方便一些。

JButton 按钮的监听方法与 Button 按钮的监听方法相同。

在 MyJFrame 的构造方法中，使用 getContentPane()方法取得内容面板，并设置其布局为 FlowLayout，再将按钮添加到内容面板中。

2. JDialog

JDialog是对话框类，为了提供各种创建对话框的方式，JDialog类有很多重载的构造方法，这里介绍三个较常用的构造方法，如下：

- JDialog(Dialog owner, Boolean modal)
- JDialog(Dialog owner, String title)
- JDialog(Dialog owner, String title, Boolean modal)

其中参数 owner 指定对话框的所有者（也就是父窗口），modal 值为 true 创建模式对话框，modal 值为 false 创建非模式对话框（也是默认值），title 指定对话框的标题。

**例 8.15** 在窗口中添加两个按钮："打开"和"关闭"，单击"打开"按钮，显示一个对话框（该对话框中包含一个标签组件），单击"关闭"按钮隐藏该对话框。

```
public class TestJDialog {
    public static void main(String[] args) {
        new MyFrame();
    }
}
class MyFrame extends JFrame{
    JDialog dialog;
    JButton button1;
    JButton button2;
    JLabel label;
    public MyFrame(){
        super("对话框演示");
```

```
            dialog = new JDialog(this,"对话框",false);
            label = new JLabel("简单的对话框。");
            dialog.setLayout(new FlowLayout());
            dialog.add(label);
            dialog.setSize(100, 100);
            this.setBounds(100,100,300, 200);
            Container c = this.getContentPane();
            c.setLayout(new FlowLayout());
            button1 = new JButton("打开");
            button2 = new JButton("关闭");
            Moniter m = new Moniter();
            button1.addActionListener(m);
            button2.addActionListener(m);
            c.add(button1);
            c.add(button2);
            this.setDefaultCloseOperation(JFrame.EXIT_ON_CLOSE);
            this.setVisible(true);
        }
        class Moniter implements ActionListener{
            public void actionPerformed(ActionEvent e) {
                if(e.getSource()==button1){
                    dialog.setVisible(true);
                }
                else{
                    dialog.setVisible(false);
                }
            }
        }
    }
```

在 MyFrame 类中定义需要的对话框、按钮和标签组件，然后在构造方法中创建这些组件。先将对话框的布局管理器设置为 FlowLayout，并将标签添加到对话框中；然后获取 Frame 的内容面板，并将其设置为 FlowLayout 布局，将两个按钮添加到 Frame 的内容面板中。

在按钮监听器的 actionPerformed()方法中，通过调用 ActionEvent 类的 getSource()方法获取是哪一个按钮被单击，然后分别调用对话框的 setVisible()方法显示或隐藏对话框。

运行程序，单击“打开”和“关闭”按钮，观察运行情况。

### 8.3.2　中间容器

中间容器只能放在其他容器中，不能单独存在。Swing 组件的中间容器有 JPanel（通常是只有背景颜色的普通容器）、JScrollPane（具有滚动条的面板）、JTabbedPane（选项卡面板，允许多个组件共享相同的界面空间）、JToolBar（工具条，通常将多个组件排成一排或者一列）和 JSplitPane（分割面板，用来装两个组件的容器）。

下面以 JPanel 和 JSplitPane 为例介绍中间面板的使用。

例 8.16 将窗口分割为左右两个部分，中间的分割线可以被拖动以调整两个窗格的大小，可以使用 JSplitPane 完成这一任务。

```
public class TestSplitPane {
    public static void main(String[] args) {
        new SPFrame();
    }
}
class SPFrame extends JFrame
{
    JPanel left = new JPanel();
    JPanel right =new JPanel();
    JSplitPane split =new JSplitPane();
    public SPFrame()
    {
        super("JSplitPane 演示 ");
        left.setBackground(new Color(230,230,230));
        right.setBackground(new Color(240,240,240));
        split.setOneTouchExpandable(true);          //分割线显示箭头
        split.setContinuousLayout(true);            //只要拖动分割线就重绘
        split.setOrientation(JSplitPane.HORIZONTAL_SPLIT);   //垂直方向分割
        split.setDividerSize(6);                    //分割线的宽度
        split.setDividerLocation(400);              //分割线距左边界的距离
        split.setLeftComponent(left);
        split.setRightComponent(right);
        setContentPane(split);
        setDefaultCloseOperation(JFrame.EXIT_ON_CLOSE);
        setBounds(100, 100, 600, 400);
        setVisible(true);
    }
}
```

首先在 SPFrame 类的构造方法中设置 JSplitPane 的属性，方法 setOneTouchExpandable(true)设置 oneTouchExpandable 属性的值，在分隔条上提供一个小箭头来快速展开或折叠分隔条，如果参数为 false，则不提供小箭头。调用方法 setContinuousLayout(true)，在用户拖动分割线的过程中，子组件将连续地重新显示和布局，如果参数为 false，则只有在拖动分割线松开时，子组件才重新显示和布局。方法 setOrientation(JSplitPane.HORIZONTAL_SPLIT)将分割线设置为垂直方向，也就是可以在分割线的左右侧各放置一个组件。方法 setDividerSize(6)设置分割线的宽度。方法 setDividerLocation(400)设置分割线距左边界的距离。

然后将两个 JPanel 分别添加到 JSplitPane 组件的左侧和右侧。

最后将 SPFrame 的内容面板设置为 split。

既可以使用 getContentPane 获取 JFrame 的内容面板，也可以调用 setContentPane()为其设置新的内容面板。

运行程序，拖动分割线，观察运行情况。

### 8.3.3　基本组件

Swing 提供了大量的基本组件，如 JButton（按钮）、JCombobox（组合框）、JList（列表框）、JMenu（菜单）、JSlider（滑杆控件）、JTextField（文本框）等。

这些基本组件的用法与 AWT 组件的用法类似。下面通过实例介绍 JCombobox（组合框）的使用方法。

**例 8.17**　在对话框中添加一个 JCombobox 组件和一个 JTextField 组件，当在组合框中选择某一项时将选择的结果显示在文本框中。

```
public class TestComboBox {
    public static void main(String[] args) {
        new ComboBoxDialog();
    }
}
class ComboBoxDialog extends JDialog{
    private JComboBox comboBox;
    private JTextField textField;
    public ComboBoxDialog(){
        super(null, "组合框使用",   JDialog.ModalityType.APPLICATION_MODAL);
        textField = new JTextField(10);
        comboBox = new JComboBox();
        comboBox.addItem("小学");
        comboBox.addItem("中学");
        comboBox.addItem("大学");
        comboBox.addActionListener(new MonitorCombo());
        this.setLayout(new GridLayout(2,1));
        this.add(comboBox);
        this.add(textField);
        setDefaultCloseOperation(JDialog.DISPOSE_ON_CLOSE);
        this.setBounds(300,400,200,100);
        this.setVisible(true);
    }
    class MonitorCombo implements ActionListener{
        public void actionPerformed(ActionEvent e) {
            String msg = (String) comboBox.getSelectedItem();
            textField.setText(msg);
        }
    }
}
```

在对话框的构造方法中，首先调用父类的构造方法，将对话框的所有者（或称为其父窗口）设置为 null（null 表示对话框没有父窗口）、将对话框的标题设置为“组合框使用”、将对话框设置为模式对话框（JDialog.ModalityType.APPLICATION_MODAL）；然后创建对话框中的各组件，并为组合框注册监听器。

组合框的监听器要实现 ActionListener 接口，当组合框选中的项发生改变时，就产生 ActionEvent 事件。组合框的 getSelectedItem()方法返回当前选中的项，这里将其强制转换为

String 并显示在文本框中。

### 8.3.4 菜单与工具条

菜单和工具条是大多数界面程序常用的元素，下面简单介绍菜单和工具条的使用。

1. 菜单

菜单由菜单条、菜单和菜单项组成。比如 Eclipse 的菜单系统（图 8.11），最上面一行称为菜单条，菜单条中的每一项就是一个菜单（如 File、Edit、Source 等），菜单里的项称为菜单项（图 8.11 显示的 Edit 菜单中有 Undo Typing、Redo 等菜单项）。

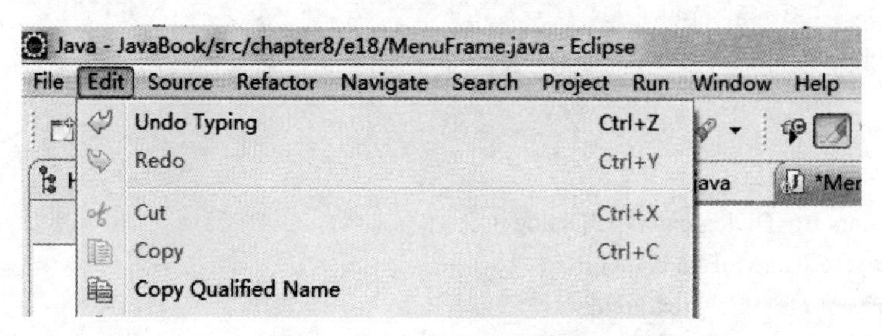


图 8.11 Eclipse 的菜单系统

Swing 处理菜单条的类是 JMenuBar、处理菜单的类是 JMenu、处理菜单项的类是 JMenuItem。

**例 8.18** 设计图 8.12 所示的程序，在窗口中添加菜单系统，通过选择菜单可将窗口的背景设置为红色、绿色和蓝色。

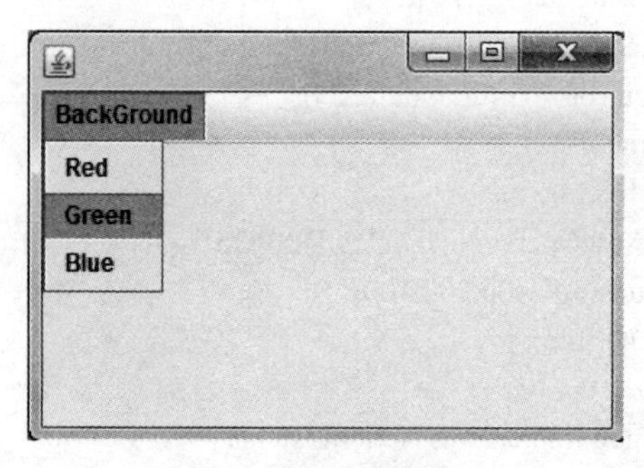


图 8.12 带有菜单的窗口

程序代码如下：

```
public class TestMenu {
    public static void main(String[] args) {
        new MenuFrame();
    }
}
public class MenuFrame extends JFrame implements ActionListener{
    JMenuBar menuBar = new JMenuBar();
    JMenu menu = new JMenu("BackGround");
    JMenuItem menuItem1 = new JMenuItem("Red");
    JMenuItem menuItem2 = new JMenuItem("Green");
```

```
        JMenuItem menuItem3 = new JMenuItem("Blue");
        public MenuFrame(){
            this.setSize(300,200);
            this.setDefaultCloseOperation(JFrame.EXIT_ON_CLOSE);
            menu.add(menuItem1);
            menu.add(menuItem2);
            menu.add(menuItem3);
            menuBar.add(menu);
            this.setJMenuBar(menuBar);
            menuItem1.addActionListener(this);
            menuItem2.addActionListener(this);
            menuItem3.addActionListener(this);
            this.setVisible(true);
        }
        public void actionPerformed(ActionEvent e) {
            Container c = this.getContentPane();
            if(e.getSource()==menuItem1){
                c.setBackground(Color.red);
            }
            else if(e.getSource()==menuItem2){
                c.setBackground(Color.green);
            }
            else if(e.getSource()==menuItem3){
                c.setBackground(Color.blue);
            }
        }
    }
```

向菜单条中添加菜单和向菜单中添加菜单项都是使用 add()方法，设置窗口的菜单使用 setJMenuBar()方法。菜单的监听器也要实现 ActionListener 接口，与按钮等组件的使用方法一样。在设置背景颜色时一定要设置窗口内容面板的背景色，不能直接设置窗口的背景色。

2. 工具条

Swing 处理工具条的类是 JToolBar，前面已经介绍过 JToolBar 是一个中间容器，可以在工具条上添加按钮，完成各项任务。

下面在例 8.18 的基础上为窗口添加一个工具条，工具条上有两个按钮，分别将背景设置为黄色和白色。

首先在 MenuFrame 类中添加三个属性，代码如下：

```
JToolBar toolBar = new JToolBar();
JButton   button1 = new JButton("Yellow");
JButton   button2 = new JButton("White");
```

然后在构造方法的最后为两个按钮注册监听器并添加到工具条中，再将工具条添加到窗口的上方，代码如下：

```
button1.addActionListener(this);
button2.addActionListener(this);
toolBar.add(button1);
```

```
    toolBar.add(button2);
    this.add(toolBar,BorderLayout.NORTH);
```

最后在监听的 actionPerformed()方法中增加处理按钮的分支，代码如下：

```
    else if(e.getSource()==button1){
          c.setBackground(Color.YELLOW);
    }
    else if(e.getSource()==button2){
          c.setBackground(Color.WHITE);
    }
```

运行程序，可以看到窗口中已经有了工具条，并且单击工具条上的按钮可以改变背景颜色。

## 8.4 习题

### 一、选择题

1．按钮可以产生 ActionEvent 事件，实现下列（　　）接口可以处理此事件。

A．FocusListener　　B．ComponentListener

C．WindowListener　　D．ActionListener

2．实现下列（　　）接口可以对 TextField 对象值的变化事件进行监听和处理。

A．ActionListener　　B．FocusListener

C．TextListener　　D．WindowListener

3．框架（Frame）的默认布局管理器是（　　）。

A．FlowLayout　　B．CardLayout

C．BorderLayout　　D．GridLayout

4．paint()方法使用（　　）类型的参数。

A．Graphics　　B．Graphics2D　　C．String　　D．Color

5．以下（　　）可能包含菜单条。

A．JPanel　　B．JFrame　　C．JButton　　D．JDialog

6．能处理鼠标拖动和移动两种事件的接口是（　　）。

A．ActionListener　　B．ItemListener

C．MouseListener　　D．MouseMotionListener

7．可以独立于其他容器单独存在的是（　　）。

A．Frame 和 Dialog　　B．Panel 和 Frame

C．Container 和 Component　　D．LayoutManager 和 Container

### 二、判断题

1．监听按钮和监听菜单的监听器所要实现的接口是相同的。

2．菜单中的菜单项不能再是一个菜单。

3．中间容器只能添加到顶层容器中。

4．只能用 setLocation()方法设定组件的位置。

5．监听键盘事件的监听器需要实现 KeyListener 接口。

6．Panel 的默认布局是 BorderLayout。

## 三、编程题

1．设计程序，实现图 8.13 所示的界面。

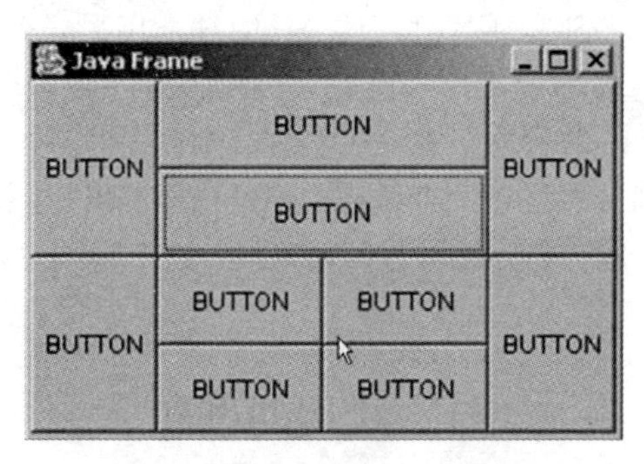


图 8.13　编程题 1 的程序运行界面

2．编写程序，设计图 8.14 所示的窗口，每当鼠标单击一次就填充一个以单击位置为圆心，直径为 10 像素的圆，并且这些圆一直显示在窗口中，即使窗口被盖住也会重新显示。

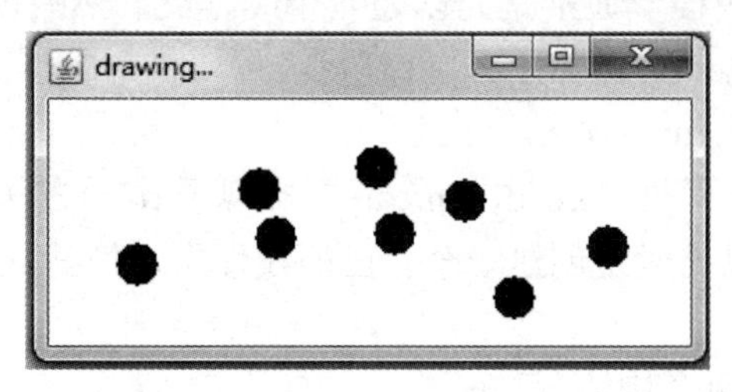


图 8.14　编程题 2 的程序运行界面

# 第 9 章　多线程

前面我们编写的程序都只有一个执行流，而在实际的应用程序中，有时需要多个执行流同时运行。例如很多游戏程序都需要计时，这个计时功能用另一个执行流完成则比较合适。

使用多线程编程可以方便地解决这一问题。线程是程序中一个单一的顺序控制流程，每一个程序都至少有一个线程，若程序只有一个线程，那就是程序本身的主线程。在单 CPU 的计算机中，实际上某一时刻只能运行一个线程。但是由于 CPU 运行很快，当在一个程序中启动多个线程时，由操作系统为它们分配运行时间片段，这个时间片段非常短，使得人们感觉像是几个线程在同时运行。

## 9.1　线程的创建

### 9.1.1　创建线程的方法

要在程序中建立一个线程，通常是先创建一个线程类，然后创建线程对象并启动线程。线程类需要实现java.lang包中的Runnable接口，将线程要执行的任务写在Runnable接口的run()方法中，运行线程就是执行 run()方法。

java.lang 包中定义了线程类 Thread，Thread 类实现了 run()方法，但 Thread 类的 run()方法并没有实现任何功能，所以一般是创建一个自己的线程类，使其从 Thread 类继承，重写 run()方法实现自己的功能。

下面介绍 Thread 类的两个构造方法。

（1）public Thread()：提供了一个没有参数的构造方法，这样从 Thread 类继承的类就可以不为 Thread 类的构造方法提供参数。

（2）public Thread(Runnable target)：带有一个Runnable参数的构造方法，我们可以创建一个实现Runnable接口的类，把线程要完成的任务写在该类的 run()方法中，再把这个类的对象传给 Thread 类的构造方法。

因此可以通过两种方式创建线程：第一种方式就是设计一个继承于 Thread 类的线程类，然后创建这个线程类的对象，并调用 start()方法启动线程；第二种方式就是设计一个实现Runnable接口的类，然后创建 Thread 类的对象（将实现Runnable接口的类的对象作为 Thread 构造方法的参数），并调用 start()方法启动线程。

### 9.1.2　继承 Thread 类创建线程

**例 9.1**　以继承 Thread 类的方式创建一个线程，实现输出 10 以内的偶数，在主程序中输出 10 以内的奇数。

线程类的代码如下：

```
public class EvenNumberThread extends Thread {
```

```
        public void run() {
            for(int i=0; i<10; i+=2){
                System.out.println(this.getName() + " " + i);
                try {
                    sleep(1);
                } catch (InterruptedException e) {
                    e.printStackTrace();
                }
            }
        }
    }
```

线程类的 run()方法中输出 10 以内的偶数。sleep()是 Thread 类的静态方法，作用是使当前线程停止若干毫秒（由参数指定）。每输出一个数，停止 1 毫秒，以便其他线程有机会运行，1 毫秒之后被唤醒，重新进入就绪状态。Thread 类的 getName()方法返回线程的名字。

主程序代码如下：

```
    public class Test {
        public static void main(String[] args) {
            EvenNumberThread t = new EvenNumberThread();
            t.start();
            for(int i=1; i<10; i+=2){
                System.out.println(Thread.currentThread().getName() + " " + i);
                try {
                    Thread.sleep(1);
                } catch (InterruptedException e) {
                    e.printStackTrace();
                }
            }
        }
    }
```

某一次的运行结果如下：

```
main 1
Thread-0 0
main 3
Thread-0 2
main 5
main 7
main 9
Thread-0 4
Thread-0 6
Thread-0 8
```

由于哪个线程先得到运行机会、运行多长时间都是不确定的，因此每次运行的结果可能不一样。

主方法先创建一个 EvenNumberThread 对象，然后调用 start()方法启动线程，最后输出 10 以内的奇数。Thread 类的静态方法 currentThread()返回当前的线程。

主程序也是一个线程，因此当线程对象调用 start()方法后就有两个可以运行的线程，这时会有一个线程得到运行机会，当操作系统分配给这个线程的时间用完后，另一个线程得到机会运行。

从运行结果可以看到，主线程的名字是 main，线程 t 的名字是 Thread-0，这是我们在程序中创建的第一个线程，如果再创建第二个线程，其名字为 Thread-1，当然我们也可以在创建线程时使用下面的构造方法来指定线程的名字。

```
Thread(String name)
```

例如给上面的 EvenNumberThread 类添加一个如下的构造方法就可以实现这一功能：

```
public EvenNumberThread(String name){
    super(name);
}
```

### 9.1.3 为 Thread 类提供 Runnable 对象创建线程

**例 9.2** 设计一个实现 Runnable 接口的类，在该类的 run()方法中输出 10 以内的偶数，用这个类的对象作为创建 Thread 对象的参数创建一个线程，在主程序中输出 10 以内的奇数。

代码如下：

```
public class EvenNumberTarget implements Runnable {
    public void run() {
        for(int i=0; i<10; i+=2){
            System.out.println(Thread.currentThread().getName() + " " + i);
            try {
                Thread.sleep(1);
            } catch (InterruptedException e) {
                e.printStackTrace();
            }
        }
    }
```

EvenNumberTarget 类的 run()方法与上例中 EvenNumberThread 类的 run()方法相同，都是输出 10 以内的偶数。

主程序代码如下：

```
public class Test {
    public static void main(String[] args) {
        Thread t = new Thread(new EvenNumberTarget());
        t.start();
        for(int i=1; i<10; i+=2){
            System.out.println(Thread.currentThread().getName() + " " + i);
            try {
                Thread.sleep(1);
            } catch (InterruptedException e) {
                e.printStackTrace();
            }
        }
    }
}
```

运行结果与例 9.1 的类似。

主程序与例 9.1 的也是类似的，只不过这里直接使用 Thread 类创建对象，将一个 EvenNumberTarget 对象作为 Thread 类构造方法的参数。

同样可以使用下面的构造方法为线程指定名字：

```
Thread(Runnable target, String name)
```

## 9.2 线程的状态与优先级

### 9.2.1 线程的状态

线程的整个生命周期可以划分成五种状态：新建状态、就绪状态、运行状态、阻塞状态、死亡状态。

可以用图 9.1 来表示线程的生命周期。

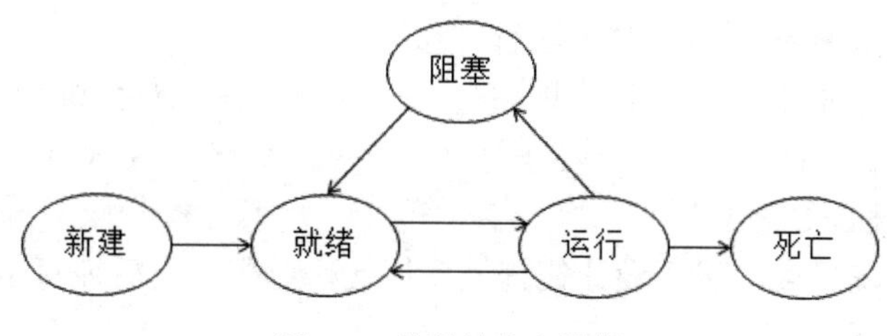


图 9.1 线程的生命周期

使用 new 创建 Thread 类或其子类的一个线程对象后，该线程对象就处于新建状态。

当线程对象调用了 start()方法之后，该线程就进入就绪状态。就绪状态的线程处于就绪队列中，等待 JVM 里线程调度器的调度。

如果就绪状态的线程获取 CPU 资源，就可以执行 run()方法，此时线程便处于运行状态。

处于运行状态的线程最为复杂，可能会转化成就绪状态、阻塞状态或死亡状态。

如果该线程分配的 CPU 时间用完，但 run()方法还没有运行完，则线程又进入就绪状态，等待下次运行的机会；如果线程的 run()方法执行完毕，则进入死亡状态；如果由于执行线程所需要的资源没有得到满足或执行了使线程暂停的指令，则线程进入阻塞状态。

处于阻塞状态的线程，如果所需要的资源得到满足或执行了恢复运行的指令，线程重新进入就绪状态，有关内容将在本章稍后详细讨论。

一个运行状态的线程完成任务或者其他终止条件发生时，该线程就进入死亡状态。

### 9.2.2 线程的优先级

操作系统基本采用分时形式调度运行的线程，线程分配得到的时间片的多少决定了线程使用处理器资源的多少，这就是线程优先级的概念，高优先级的线程比低优先级的线程有更高的概率得到执行。

Java 中，线程的优先级用 1～10 的数字表示，最低优先级是 1，最高优先级是 10。Thread 类定义了如下三个优先级常量：

```
public static final int MIN_PRIORITY = 1;
```

```
public static final int NORM_PRIORITY = 5;
public static final int MAX_PRIORITY = 10;
```

线程默认的优先级是 NORM_PRIORITY，可以使用下面的方法设置或返回线程的优先级。

```
public final void setPriority(int newPriority);
public final int getPriority();
```

## 9.3 线程同步

### 9.3.1 问题的提出

多个执行线程共享一个资源的情景是并发编程中最常见的情景之一，例如在数据库应用系统中，可能会有多个线程同时对数据库执行更新操作，多个线程读或者写相同的数据时可能会导致数据的不一致。

为了解决这些问题，需要对线程的执行进行限制，当一个线程访问这个共享资源时，禁止其他线程访问。使用 Java 同步机制可以解决这一问题。

**例 9.3** 银行的转账可以有多种方式实现，如网银转账、ATM 机转账、通过银行柜员转账等。假设银行卡里有 1000 元，三个人分别通过网银、ATM 机和银行柜员向其他账户转账，编写程序模仿这一过程。

首先要设计一个账户类，然后设计线程类模拟转账业务，最后编写主程序。

账户类的代码如下：

```
public class Account {
    private int balance;
    public Account(int balance){
        this.balance = balance;
    }
    public void transferOut(int amount){
        String threadName = Thread.currentThread().getName();
        if(balance >= amount){
            try {
                Thread.sleep(1);
            } catch (InterruptedException e) {
                e.printStackTrace();
            }
            balance = balance - amount;
            System.out.println(threadName + "   转走：   " + amount
                                        + "   余额：   " + balance);

        }
        else{
            System.out.println(Thread.currentThread().getName() + "转账余额不足");

        }
    }
}
```

账户类只有一个属性 balance，表示账户余额，方法 transferOut()用于从该账户转出，参数为要转出的金额。在转账方法中，如果余额够转账，先循环消耗一点时间，模仿转账之前有些操作要消耗的时间。

转账线程类的代码如下：

```
public class TransferOut extends Thread{
    Account account;
    int amount;
    public TransferOut(String name, Account account, int amount) {
        super(name);
        this.account = account;
        this.amount = amount;
    }
    public void run() {
        account.transferOut(amount);
    }
}
```

属性 account 为要转出的账户，amount 为转出的金额。构造方法除了为属性赋值，还要给线程起个名字。

主程序如下：

```
public class Test {
    public static void main(String[] args) {
        Account account = new Account(1000);
        TransferOut t1 = new TransferOut("大儿子", account, 800);
        TransferOut t2 = new TransferOut("二儿子", account, 700);
        TransferOut t3 = new TransferOut("三儿子", account, 900);
        t1.start();
        t2.start();
        t3.start();
    }
}
```

先创建一个账户，存有 1000 元，然后创建三个线程类，表示三个人对同一个账户分别转账 800 元、700 元和 900 元。

运行结果如下：

```
大儿子  转走：  800  余额：  200
三儿子  转走：  900  余额：  -700
二儿子  转走：  700  余额：  -1400
```

多运行几次，运行结果可能会有所不同，就是因为线程获得运行机会的随机性。本来账户有 1000 元，被转走 2400 元，显然银行不可能使用这样的程序。

原因是第一个线程进入转账后，判断余额大于转账金额，但还没来得及从余额中减去转账金额，分配给它的运行时间用完被换下，第二个线程得到运行机会，显然这时的余额还是 1000 元，因此又进入转账的分支，第三个线程也是一样的。三个线程都进入到 if 语句中，然后再从余额中扣除转账金额，得到上面的运行结果。

如果要避免这种情况的发生，需要做到一个线程完整地执行完转账的过程其他线程才可以进入该程序段。

### 9.3.2 线程同步的实现

用关键字 synchronized 实现线程同步，synchronized 是一种同步锁。当修饰一个代码块时，被修饰的代码块称为同步语句块，其作用的范围是大括号{}括起来的代码，作用的对象是 synchronized 后面括号里的对象。当修饰一个方法时，被修饰的方法称为同步方法，其作用的范围是整个方法，作用的对象是调用这个方法的对象。

一个线程访问一个对象中的 synchronized(this)同步代码块时，其他试图访问该对象同步代码块的线程将被阻塞。

**注意：**synchronized 锁定的是对象，只有锁定同一个对象的若干代码块才是互斥的，锁定不同对象的代码块或者没有锁定的代码块都不会形成互斥。

**例 9.4** 使用线程同步机制修改转账程序，使其符合银行的需要。

只需要修改账户类的转账方法，修改后的代码如下：

```
public void transferOut(int amount){
    synchronized(this){
        String threadName = Thread.currentThread().getName();
        if(balance >= amount){
            try {
                Thread.sleep(1);
            } catch (InterruptedException e) {
                e.printStackTrace();
            }
            balance = balance - amount;
            System.out.println(threadName + "  转走：  "
                                        + amount + "  余额：  " + balance);

        }
        else{
            System.out.println(Thread.currentThread().getName() + "转账余额不足");
        }
    }
}
}
```

修改后的程序运行结果如下：

```
大儿子  转走：  800  余额：  200
三儿子转账余额不足
二儿子转账余额不足
```

synchronized(this)中的 this 指的是当前对象，也就是当前操作的 Account 对象，如果有其他线程的同步方法或同步代码块，也锁定的是这个 Account 对象，则这两个方法是互斥的。

当在同步代码块中调用 sleep()方法时，虽然线程被暂停执行，但仍然占有同步资源，其他线程仍然不能进入该代码块。

也可以将方法 transferOut()声明为同步的，例如可以将其改成如下形式：

```
public synchronized void transferOut(int amount){
    String threadName = Thread.currentThread().getName();
```

```
            if(balance >= amount){
                try {
                    Thread.sleep(1);
                } catch (InterruptedException e) {
                    e.printStackTrace();
                }
                balance = balance - amount;
                System.out.println(threadName + "  转走：  "
                                    + amount + "  余额：  " + balance);
            }
            else{
                System.out.println(Thread.currentThread().getName() + "转账余额不足");
            }
        }
    }
```

效果与前面一样。

## 9.4　线程间通信

对于多线程编程，通常是需要多个线程相互配合完成某项任务，这时就涉及了线程间通信。

Java 中对多线程提供了两个方法来完成等待/通知机制，等待的方法是 wait()，通知的方法是 notify()。等待/通知机制，就是线程 A 在执行的时候，需要一个其他线程来提供结果，但是其他线程还没有告诉它这个结果是什么，于是线程 A 开始等待，当其他线程计算出结果之后就将结果通知给线程 A，A 线程被唤醒，继续执行。

Object 类提供的 wait()方法、notify()方法和 notifyAll()方法实现了线程间的通信，这些方法只能应用在 synchronized 方法中或者 synchronized 代码块中。

wait()方法会使执行该 wait()方法的线程停止，直到等到了 notify()的通知。执行了 wait()方法的那个线程会因为 wait()方法而进入等待状态，该线程也会进入阻塞队列中。而执行了 notify()的那个线程在执行完同步代码之后会通知在阻塞队列中的线程，使其进入就绪状态。被重新唤醒的线程会试图重新获得同步锁，得到同步锁后继续执行同步代码块中 wait()之后的代码。

方法 notify()唤醒因 wait()方法而进入等待的某一个线程，方法 notifyAll()唤醒因 wait()方法而进入等待的所有线程。

**例 9.5**　生产者消费者模型。仍以前面的账户为例，假设父母向账户里存钱，三个孩子从账户取钱，为了控制孩子乱花钱，要求账户里不能超过 10000 元，当然也不能出现负债。当要取的钱数大于账户余额时，要停止取钱，一旦取钱成功，则通知父母可以存钱了。如存入的钱加上余额大于 10000 元，则要停止存钱，一旦存钱成功，则通知孩子可以取钱了。

设计账户类，代码如下：

```
class Account{
    private int balance;
    private int maxBalance = 10000;
    public Account(int balance){
```

```
            this.balance = balance;
        }
        public synchronized void save(int money) {
            while(balance + money > maxBalance){
                try {
                    this.wait();
                } catch (InterruptedException e) {
                    e.printStackTrace();
                }
            }
            balance += money;
            System.out.print(Thread.currentThread().getName());
            System.out.println(" save    " + money + "元" + "    balance: " + balance );
            this.notifyAll();
        }
        public synchronized void withdraw(int money){
            while(money > balance){
                try {
                    this.wait();
                } catch (InterruptedException e) {
                    e.printStackTrace();
                }
            }
            balance -= money;
            System.out.print(Thread.currentThread().getName());
            System.out.println(" take    " + money + "元" + "    balance: " + balance);
            this.notifyAll();

        }
    }
```

在 save()方法中，如果余额加存钱大于存款上限，则调用 wait()方法使线程进入阻塞状态，直到其他线程取出一定的钱之后再被唤醒。一旦执行完存钱任务，余额肯定大于 0 了，就调用 notifyAll()方法唤醒其他线程。

同样在 withdraw()方法中，如果要取的钱数大于余额，则调用 wait()方法使线程进入阻塞状态，直到其他线程存入一定的钱之后再被唤醒。一旦执行完取钱任务，余额一定小于上限，就调用 notifyAll()方法唤醒其他线程。

注意，这里使用的是 while 语句而不是 if 语句。如果使用 if 语句，当被唤醒后，得到运行机会时，就会直接运行后面的程序代码，但此时也可能其他线程被唤醒，并且先得到运行机会而取走或存入一些钱，而当这个线程得到运行机会时，运行条件又不满足了，该线程还应该处于等待状态。而使用 while 语句，被唤醒后仍然进行条件检查，运行条件如果不满足，就又调用 wait()方法进入阻塞状态。

存钱线程类的代码如下：

```
class SaveMoney implements Runnable{
    Account account;
    public SaveMoney(Account account) {
```

```
            this.account = account;
        }
        public void run() {
            for(int i=0; i<10; i++){
                account.save(2000);
                try {
                    Thread.sleep(5);
                } catch (InterruptedException e) {
                    e.printStackTrace();
                }
            }
        }
    }
```

存钱线程循环 10 次，每次存入 2000 元，每存一次休息 5 毫秒。

取钱线程类的代码如下：

```
    class TakeMoney implements Runnable{
        Account account;
        public TakeMoney(Account account) {
            this.account = account;
        }
        public void run() {
            for(int i=0; i<10; i++){
                account.withdraw(1500);
                try {
                    Thread.sleep(5);
                } catch (InterruptedException e) {
                    e.printStackTrace();
                }
            }
        }
    }
```

取钱线程也循环 10 次，每次取出 1500 元，每取一次休息 5 毫秒。

Test 类的代码如下：

```
    public class Test {
        public static void main(String[] args) {
            Account account = new Account(8000);
            Thread t1 = new Thread(new TakeMoney(account), "son1");
            Thread t2 = new Thread(new TakeMoney(account), "son2");
            Thread t3 = new Thread(new TakeMoney(account), "son3");
            Thread t4 = new Thread(new SaveMoney(account), "father");
            Thread t5 = new Thread(new SaveMoney(account), "mother");
            t1.start();
            t2.start();
            t3.start();
            t4.start();
            t5.start();
```

```
        }
    }
```

运行程序，观察运行结果，查看账户余额有没有超过 10000 或小于 0 的时候。

## 9.5 死锁

死锁就是两个或两个以上的线程被无限地阻塞，线程之间相互等待所需的资源。例如线程 A 持有资源 1 的同步锁，再获得资源 2 的同步锁就可以完成任务，而线程 B 持有资源 2 的同步锁，再获得资源 1 的同步锁就可以完成任务，线程 A 和线程 B 就形成了死锁。

在道路交通过程中，如果不遵守交通规则，也容易出现死锁现象，例如图 9.2 所示的交通路口。

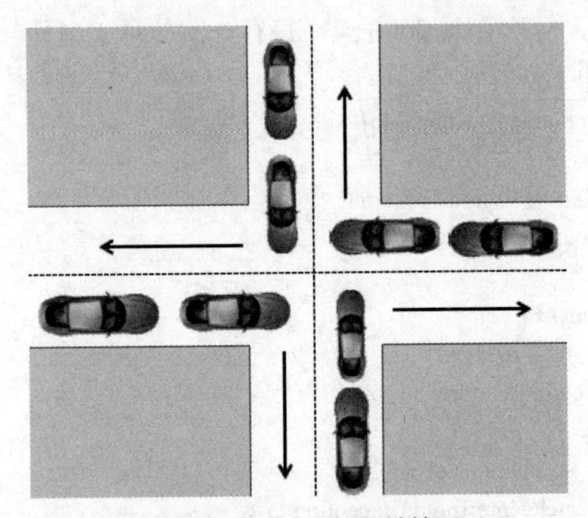

图 9.2 交通路口的死锁情况

四个方向的车道相当于四个资源，每一路车相当于一个线程，每个线程持有一个资源，等待另一个资源才能完成任务（通过路口）。

下面写一个具体实例来演示死锁情况的发生。

**例 9.6** 编写两个线程，第一个线程首先获取第一个资源，然后等待第二个资源，第二个线程首先获取第二个资源，然后等待第一个资源。

第一个线程类 Task1 的代码如下：

```
class Task1 implements Runnable{
    private Object o1;
    private Object o2;
    private String name;
    public Task1(Object o1, Object o2) {
        this.o1 = o1;
        this.o2 = o2;
        this.name = "Task1";
    }
    public void run() {
        synchronized(o1){
            try {
```

```
                System.out.println(name + " use Object1");
                Thread.sleep(2000);
            } catch (InterruptedException e) {
                e.printStackTrace();
            }
            synchronized(o2){
                try {
                    System.out.println(name + " use Object2");
                    Thread.sleep(2000);
                } catch (InterruptedException e) {
                    e.printStackTrace();
                }
            }
        }
    }
}
```

在 run()方法中，首先获取 o1 的同步锁，等待 2 秒后，在没有释放 o1 上的同步锁的情况下试图获取 o2 上的同步锁。如果得到 o2 上的同步锁，也等待 2 秒，线程任务完成。

第二个线程类 Task2 与第一个线程类类似，只是先获取 o2 上的同步锁，再等待 o1 上的同步锁，代码如下：

```
class Task2 implements Runnable{
    private Object o1;
    private Object o2;
    private String name;
    public Task2(Object o1, Object o2) {
        this.o1 = o1;
        this.o2 = o2;
        this.name = "Task2";
    }
    public void run() {
        synchronized(o2){
            try {
                System.out.println(name + " use Object2");
                Thread.sleep(2000);
            } catch (InterruptedException e) {
                e.printStackTrace();
            }
            synchronized(o1){
                try {
                    System.out.println(name + " use Object1");
                    Thread.sleep(2000);
                } catch (InterruptedException e) {
                    e.printStackTrace();
                }
            }
```

```
            }
        }
    }
```

测试类 Test 的代码如下：

```
public class Test {
    public static void main(String[] args) {
        Object o1 = new Object();
        Object o2 = new Object();
        Thread t1 = new Thread(new Task1(o1,o2));
        Thread t2 = new Thread(new Task2(o1,o2));
        t1.start();
        t2.start();
    }
}
```

运行结果如下：

```
Task1 use Object1
Task2 use Object2
```

两个线程相互持有对方所需要的锁，而不释放自己持有的锁，形成死锁。对于这个程序，如果线程将持有资源的同步锁释放后，再试图获取第二个资源的同步锁，则不会产生线程死锁。将 Task1 的 run()方法改成如下代码：

```
public void run() {
    synchronized(o1){
        try {
            System.out.println(name + " use Object1");
            Thread.sleep(2000);
        } catch (InterruptedException e) {
            e.printStackTrace();
        }
    }
    synchronized(o2){
        try {
            System.out.println(name + " use Object2");
            Thread.sleep(2000);
        } catch (InterruptedException e) {
            e.printStackTrace();
        }
    }
}
```

将 Task2 也作类似的修改，然后重新运行程序，运行结果如下：

```
Task1 use Object1
Task2 use Object2
Task1 use Object2
Task2 use Object1
```

已经解决了死锁问题。在实际问题中还会遇到更加复杂的死锁情况，要根据具体情况避免死锁的产生。

## 9.6　习题

### 一、选择题

1．下列说法中错误的一项是（　　）。

A．线程就是程序

B．线程是一个程序的单个执行流

C．多线程是指一个程序的多个执行流

D．多线程用于实现并发

2．实现线程的方式除了继承 Thread 类，还可以实现（　　）接口。

A．Cloneable　　B．Runnable　　C．Iterable　　D．Serializable

3．启动线程需要使用的方法是（　　）。

A．sleep()　　B．start()　　C．run()　　D．stop()

4．关于 sleep 方法，下列描述中不正确的是（　　）。

A．sleep 方法让线程结束运行

B．sleep 方法让当前正在执行的线程休眠指定的毫秒（暂停执行）

C．sleep(1000)是指让线程休眠 1000 毫秒

D．当前运行的线程休眠，其他线程可以照常运行

5．使用 synchronized 来实现线程的同步，但是也会产生（　　）问题。

A．线程的死锁　　B．线程的睡眠

C．线程的启动　　D．线程的运行

6．下列（　　）方法可以用于创建一个线程类。

A．public class X implements Runnable{ public void run(){ ... } }

B．public class X implements Thread{ public void run(){ ... } }

C．public class X extends Thread{ public int run(){ ... } }

D．public class X implements Runnable { public int run(){ ... } }

### 二、判断题

1．多线程程序设计的含义是可以将一个程序任务分成几个并行的线程。

2．启动线程是用 Thread 对象调用 start()方法，而不是 run()或者别的方法。

3．程序开发者必须创建一个线程去管理内存的分配。

4．当线程类所定义的 run()方法执行完毕后，线程的运行就会终止。

5．调用 start()方法启动一个线程的时候，该线程会立刻执行。

### 三、编程题

在日常生活工作中，寻找一个可以使用生产者消费者模型解决的实际问题并编程实现。

# 第 10 章　文件与输入输出流

说到输入输出，总会联想到文件，比如从文件中读数据称为输入，向文件写数据称为输出。然而这里所说的输入输出流不仅仅指与文件的相关操作，还包括各种设备之间、网络上的数据传输等。数据从数据的提供端流向数据的接收端，称之为数据流。Java 创建了一组流类为各种输入输出提供支持。

流类定义在 java.io 包中，其中 File 类用于文件和文件夹的管理，它与输入输出没有多大关系，主要用于创建文件（文件夹）、删除文件（文件夹）、文件（文件夹）更名、获取文件（文件夹）的属性等。

输入输出流分为两大类：一类是字节流，以字节为单位读写数据；另一类是字符流，以字符为单位读写数据。

## 10.1　File 类与文件管理

### 10.1.1　File 类的使用

File 类用于表示文件系统中的文件或文件夹，使用 File 类可以方便地管理文件或文件夹，但不能读写文件的内容。

一个 File 对象表示一个抽象的文件或文件夹。下面通过一个实例来展示 File 类的用法。

**例 10.1**　查找某个文件夹（包括子文件夹）下指定类型的文件。

由于文件夹中的子文件夹还可以包含子文件夹，因此这类查找问题一般使用递归方法，设计一个 SearchFiles 类，用于查找指定类型的文件，代码如下：

```
public class SearchFiles {
    private String path;
    private String type;
    public SearchFiles(String path, String type) {
        this.path = path;
        this.type = type;
    }
    public void search(){
        File file = new File(path);
        if(!file.exists()){
            System.out.println(path + " 不存在。");
            return;
        }
        if(!file.isDirectory()){
            System.out.println(path + " 不是文件夹。");
            return;
```

```
        }
        search(file,type);
    }
    private void search(File file, String type) {
        File[] files = file.listFiles();
        for(File f : files)
        {
            if(f.isFile()&& f.getName().endsWith("." + type)){
                System.out.println(f.getPath());
            }
            else if(f.isDirectory()){
                search(f,type);
            }
        }
    }
}
```

类中的属性分别是指定查找的文件夹和查找的文件类型，在第一个 search()方法中，判断 path 表示的路径是否存在以及是否是文件夹，如果是文件夹，则调用第二个 search()方法查找文件。

可以使用下面的构造方法 File(String pathname)来创建 File 对象，通过指定路径来创建一个新 File 实例，其中参数 pathname 为对应的文件夹或文件（路径）。注意，在创建 File 对象时并不会判断 pathname 是否真的存在，即使不存在也会创建一个 File 对象。

File 对象创建后，可以使用 exists()方法判断 File 对象对应的路径是否存在。方法 isDirectory()判断 File 对象对应的路径是否是文件夹。

File 类的 listFiles()方法返回一个 File 对象数组，表示这个文件夹下的所有文件和子文件夹。

File 类的 getPath()方法返回完整的路径名（如果是文件也包括文件名）。

File 类的 getName()方法返回路径的最后一段字符串，例如路径 C:\\Program Files\\Java 的最后一段就是“Java”。

在第二个 search()方法中，首先获取文件夹中的所有文件和子文件夹，然后循环处理，如果是文件并且文件名最后以指定的后缀结尾，则是要查找的文件，输出完整的路径及文件名；如果是文件夹则递归调用 search()方法继续搜索该文件夹。

编写测试类 Test，代码如下：

```
public class Test {
    public static void main(String[] args) {
        SearchFiles sf = new SearchFiles("C:\\Program Files\\Java","jar");
        sf.search();
    }
}
```

这个测试类是要查找 C:\\Program Files\\Java 文件夹以及子文件夹中的 jar 文件。

由于不同的操作系统所使用的名称分隔符不同，可以使用 File 类的静态属性 separator 获取当前系统所使用的默认名称分隔符。

例如，可以将上面的测试类改写如下，运行结果不变：

```
public class Test {
    public static void main(String[] args) {
        SearchFiles sf = new SearchFiles("C:" + File.separator
                        + "Program Files" + File.separator + "Java","jar");
        sf.search();
    }
}
```

### 10.1.2 File 的常用方法

除了例 10.1 中所使用的方法，File 还提供了很多操纵文件的方法，如文件的创建、删除、改名等。

创建文件的方法是 createNewFile()，使用方式如下：

```
public boolean createNewFile()  throws IOException
```

注意，方法 createNewFile()只负责创建文件，并不能创建文件夹，如果指定的路径不存在，则抛出异常，因此在创建文件之前应判断文件所在的路径是否存在。

创建文件夹的方法有两个：mkdir()和 mkdirs()。

- public boolean mkdir()：创建此抽象路径名指定的目录。
- public boolean mkdirs()：创建此抽象路径名指定的目录，包括所有必需但不存在的父目录。

mkdir()只能创建最后一级目录，只有前面的路径存在时才能成功创建，而 mkdirs()可以创建多级目录。

例如要创建文件夹 D:\\path1\\path2\\path3，如果 D:\\path1\\path2 已经存在，则可以使用 mkdir()方法；如果 D:\\path1\\path2 不存在，则只能使用 mkdirs()方法。

删除文件的方法是 delete()，使用方式如下：

```
public boolean delete()
```

删除此抽象路径名表示的文件或目录。如果此路径名表示一个目录，则该目录必须为空才能删除。

**例 10.2** 在指定的文件夹中新建一个文件，如果文件夹不存在，则首先创建该文件夹。

```
public class CreateFile {
    public static void main(String[] args){
        String path = "D:" + File.separator + "path1" + File.separator + "path2";
        String name = "file.txt";
        File f1 = new File(path);
        if(!f1.exists()){
            f1.mkdirs();
        }
        File f2 = new File(f1,name);
        try {
            f2.createNewFile();
        } catch (IOException e) {
            e.printStackTrace();
        }
    }
}
```

程序运行后，在指定的文件夹中可以找到文件 file.txt。如果不在创建文件之前先创建文件夹，则可能会产生异常。

File 类还有很多方法，读者可以自己查看帮助文档来了解这些方法的使用。

## 10.2　字节流

字节流是以字节为基本单位处理数据的。在 Java 中，字节流一般适用于处理字节数据（如图片、视频等）。而字符流是以字符为基本单位处理数据的，字符流适用于处理字符数据（如文本文件），但二者并没有严格的功能划分，因为有转换流的存在，使得对数据的处理变得更加灵活。

InputStream 和 OutputStream 分别是字节输入流和字节输出流的基类，它们的子类都是字节流。

InputStream 和 OutputStream 及其子类之间的继承关系如图 10.1 和图 10.2 所示。

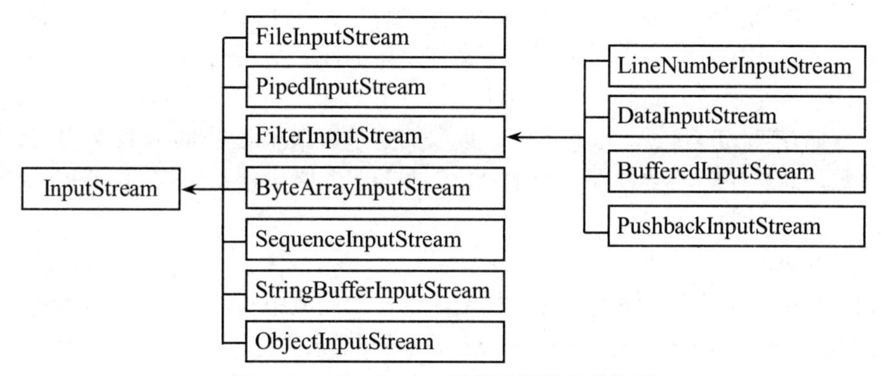


图 10.1　InputStream 及其子类的继承关系

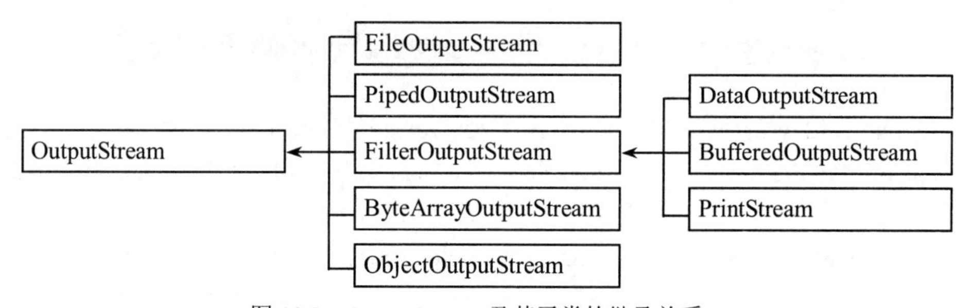


图 10.2　OutputStream 及其子类的继承关系

InputStream 和 OutputStream 都是抽象类，具体的输入输出任务都是由它们的子类实现的，根据不同的任务类型选择使用不同的子类，如文件的输入使用 FileInputStream，文件的输出使用 FileOutputStream。下面介绍几个比较常用的输入输出流类。

### 10.2.1　InputStream 和 OutputStream

1．InputStream

InputStream 是一个抽象类，是所有字节输入流类的根类，定义了从流中读取数据的三个

read()方法。

- public abstract int read() throws IOException：从输入流中读取数据的下一个字节，返回 0～255 范围内的 int 字节值。如果因为已经到达流末尾而没有可用的字节，则返回-1。由于是抽象方法，子类必须提供此方法的一个实现。
- public int read(byte[] b) throws IOException：从输入流中读取一定数量的字节，并将其存储在缓冲区数组 b 中。以整数形式返回实际读取的字节数。如果 b 的长度为 0，则不读取任何字节并返回 0；否则，尝试读取至少一个字节。如果因为流位于文件末尾而没有可用的字节，则返回-1；否则，至少读取一个字节并将其存储在 b 中。将读取的第一个字节存储在元素 b[0]中，下一个存储在 b[1]中，依此类推。读取的字节数最多等于 b 的长度。设 k 为实际读取的字节数，这些字节将存储在 b[0]～b[k-1]的元素中，不影响 b[k]～b[b.length-1]的元素。
- public int read(byte[] b, int off, int len) throws IOException：将输入流中最多 len 个字节读入到数组 b 中，尝试读取 len 个字节，但读取的字节也可能小于该值。以整数形式返回实际读取的字节数。如果 len 为 0，则不读取任何字节并返回 0；否则，尝试读取至少一个字节。如果因为流位于文件末尾而没有可用的字节，则返回-1；否则，至少读取一个字节并将其存储在 b 中。将读取的第一个字节存储在元素 b[off]中，下一个存储在 b[off+1]中，依此类推。读取的字节数最多等于 len。设 k 为实际读取的字节数，这些字节将存储在 b[off]～b[off+k-1]的元素中，不影响 b[off+k]～b[off+len-1]的元素。

2. OutputStream

OutputStream 是所有字节输出流类的根类，定义了向流中写数据的三个 write()方法。

- public abstract void write(int b) throws IOException：将指定的字节写入此输出流，要写入的字节是参数 b 的 8 个低位。b 的 24 个高位将被忽略。由于是抽象方法，其子类必须提供此方法的实现。
- public void write(byte[] b) throws IOException：将 b.length 个字节从指定的字节数组写入此输出流。
- public void write(byte[] b, int off, int len) throws IOException：将指定字节数组中从偏移量 off 开始的 len 个字节写入此输出流。将数组 b 中的某些字节按顺序写入输出流，元素 b[off]是此操作写入的第一个字节，b[off+len-1]是此操作写入的最后一个字节。

另外 InputStream 和 OutputStream 都有 close()方法，用于关闭对应的流。

### 10.2.2 FileInputStream 和 FileOutputStream

FileInputStream 是文件输入流，FileOutputStream 是文件输出流，可以从文件中获得输入字节或向文件输出字节。

FileInputStream 和 FileOutputStream 通过构造方法的参数指定读写的文件。FileInputStream 的常用构造方法有如下两个：

- public FileInputStream(String name) throws FileNotFoundException：通过指定文件名创建一个 FileInputStream 对象，文件名可包含文件路径。如果不指定路径就是默认的项目所在文件夹。

- public FileInputStream(File file) throws FileNotFoundException：通过打开一个到实际文件的连接来创建一个 FileInputStream，该文件通过文件系统中的 File 对象指定。如果指定的文件不存在或者指定的是一个目录，这两个构造方法都会抛出 FileNotFound Exception 异常。

类似地，FileOutputStream 也提供了如下两个构造方法：

- public FileOutputStream(String name) throws FileNotFoundException
- public FileOutputStream(File file) throws FileNotFoundException

与 FileInputStream 不同的是，如果参数指定的文件不存在，而文件所在的文件夹存在，则 FileOutputStream 会创建这个文件而不产生异常。但如果文件所在的文件夹不存在，则产生异常。也就是说这两个构造方法可以创建文件，但不能创建文件夹。

为了能在已经存在文件的末尾追加内容，FileOutputStream 还提供了以下两个构造方法：

- public FileOutputStream(String name, Boolean append) throws FileNotFoundException
- public FileOutputStream(File file, Boolean append) throws FileNotFoundException

如果第二个参数为 true，则将字节写入文件末尾处，而不是写入文件开始处。

**例 10.3**　编写一个类 FileCopy，设计一个文件复制的方法。

FileCopy 类的代码如下：

```
public class FileCopy {
    public void copy(String source, String target){
        FileInputStream fis = null;
        FileOutputStream fos = null;
        byte[] b = new byte[1024];
        try {
            fis = new FileInputStream(source);
            fos = new FileOutputStream(target);
            try {
                int n;
                while((n = fis.read(b))!= -1){
                    fos.write(b,0,n);
                }
            } catch (IOException e) {
                System.out.println("复制失败！");
            }
        } catch (FileNotFoundException e) {
            System.out.println("文件不存在！");
        }
        finally{
            try {
                if(fis!=null){
                    fis.close();
                }
                if(fos != null){
```

```
                    fos.close();
                }
            } catch (IOException e) {
                e.printStackTrace();
            }
        }
    }
}
```

测试类 Test 的代码如下：

```
public class Test {
    public static void main(String[] args) {
        FileCopy fc = new FileCopy();
        fc.copy("E:\\test\\a.docx", "E:\\test\\b.docx");
        fc.copy("E:\\test\\a.pptx", "E:\\test\\b.pptx");
        fc.copy("E:\\test\\a.txt", "E:\\test\\b.txt");
    }
}
```

运行程序前，首先创建文件夹 E:\test 以及不同类型的三个文件。运行后比较 a 文件与 b 文件是否相同。

注意，fis.read(b)的返回值是实际读取的字节数，每次循环读出几个字节就应该写入几个字节，因此使用 fos.write(b,0,n)进行写入，如果用下面的循环，有时就会产生一些差错。

```
while( fis.read(b)!= -1){
    fos.write(b);
}
```

**例 10.4** 在例 10.3 的 FileCopy 类中添加一个方法，实现将一个文件的内容追加到另一个文件的末尾。

在 FileCopy 类中添加方法 cat()，代码如下：

```
public void cat(String source, String target){
    FileInputStream fis = null;
    FileOutputStream fos = null;
    byte[] b = new byte[1024];
    try {
        fis = new FileInputStream(source);
        fos = new FileOutputStream(target,true);
        try {
            int n;
            while((n = fis.read(b))!= -1){
                fos.write(b,0,n);
            }
        } catch (IOException e) {
            System.out.println("连接失败！");
        }
```

```
        } catch (FileNotFoundException e) {
            System.out.println("文件不存在！ ");
        }
        finally{
            try {
                if(fis!=null){
                    fis.close();
                }
                if(fos != null){
                    fos.close();
                }
            } catch (IOException e) {
                e.printStackTrace();
            }
        }
    }
```

与 copy()方法相比，只是在创建 FileOutputStream 对象时为构造方法提供了第二个参数 true，表示是追加方式。

修改 Test 类如下：

```
public class Test {
    public static void main(String[] args) {
        FileCopy fc = new FileCopy();
        fc.cat("E:\\test\\a.txt", "E:\\test\\b.txt");
    }
}
```

在文件 b.txt 已经存在的情况下，运行程序后，将文件 a.txt 的内容追加到文件 b.txt 的后面。

注意，对于有特殊格式的文件，由于有文件开始和结束的一些特殊标记，使用这种连接方法可能会产生错误。

### 10.2.3　DataInputStream 和 DataOutputStream

DataInputStream 实现从输入流中读取基本类型的数据，DataOutputStream 实现向输出流中写入基本类型的数据。

DataInputStream 的构造方法如下：

```
DataInputStream(InputStream in)
```

DataInputStream 的构造方法的参数是一个 InputStream 对象，实际上底层的读数据是由 InputStream 完成的，在这个基础上，DataInputStream 将读出的数据进行包装，得到所需要的数据类型。

DataInputStream 提供从流中读取各种类型数据的方法，如 readBoolean()、readByte()、readChar()、readInt()、readFloat()、readDouble()、readUTF()等。

DataOutputStream 的构造方法如下：

```
DataOutputStream(OutputStream out)
```

同样，DataOutputStream 的构造方法的参数是一个 OutputStream 对象，底层的写操作是由

OutputStream 完成的，DataOutputStream 将各种类型的数据转换为字节的形式，再调用 OutputStream 的写方法将字节写入输出流中（当然，这里所说的 OutputStream 的写方法是指其子类实现的方法）。

DataInputStream 提供向流中写入各种类型数据的方法，如 writeBoolean(boolean v)、writeByte(int v)、writeChar(int v)、writeInt(int v)、writeFloat(float v)、writeDouble(double v)、writeUTF(String str)等。

**例 10.5** 编写一个程序，向文件中写入各种类型的数据，然后再用另一个程序将这些数据读出来。

输出数据的程序如下：

```
public class DataOutputTest{
	public static void main(String[] args) {
		DataOutputStream dos = null;
		try {
			File file = new File("E:\\test\\a.data");
			FileOutputStream fos = new FileOutputStream(file);
			dos = new DataOutputStream(fos);
			dos.writeBoolean(true);
			dos.writeInt(10);
			dos.writeFloat((float) 28.5);
			dos.writeDouble((double) 36.8);
			dos.writeUTF("DataOutputStream");
		}
		catch (IOException e) {
			System.out.println("输出出错！ ");
		}finally{
			if(dos != null){
				try {
					dos.close();
				} catch (IOException e) {
					e.printStackTrace();
				}
			}
		}
	}
}
```

读入数据的程序如下：

```
public class DataInputTest {
	public static void main(String[] args) {
		DataInputStream dis = null;
		try {
			File file = new File("E:\\test\\a.data");
			FileInputStream fis = new FileInputStream(file);
			dis = new DataInputStream(fis);
			System.out.println(dis.readBoolean());
```

```
                System.out.println(dis.readInt());
                System.out.println(dis.readFloat());
                System.out.println(dis.readDouble());
                System.out.println(dis.readUTF());
            }
            catch (IOException e) {
                System.out.println("输入出错！ ");
            }finally{
                if(dis != null){
                    try {
                        dis.close();
                    } catch (IOException e) {
                        e.printStackTrace();
                    }
                }
            }
        }
    }
```

先运行 DataOutputTest，将在 E:\\test 文件夹中创建 a.data 文件并输出各种类型的数据，然后运行 DataInputTest，将 a.data 文件中的数据按照写入的类型读出来并输出到控制台。

### 10.2.4 ObjectInputStream 和 ObjectOutputStream

ObjectInputStream 和 ObjectOutputStream 是对象输入输出流，用于写入对象信息与读取对象信息。

对象的输出流将指定的对象写入到文件的过程就是将对象序列化的过程，对象的输入流将指定序列化好的文件读出来的过程就是对象反序列化的过程。因此写入文件的对象所对应的类必须要实现 Serializable（序列化）接口，Serializable 接口没有任何的方法，只是作为一个标识接口存在。

ObjectOutputStream 向OutputStream中输出对象，ObjectInputStream 从InputStream中读取对象，两个类的常用构造方法如下：

```
public ObjectOutputStream(OutputStream out) throws IOException
public ObjectInputStream(InputStream in) throws IOException
```

**例 10.6**　设计父类 Shape 及其子类 Circle 和 Rectangle，将 Circle 对象和 Rectangle 对象输出到文件中，然后再从文件中将这些对象读出来并输出到控制台。

为了将对象写入文件，Shape 类实现了 Serializable 接口，为了方便，重写了 toString()方法，代码如下：

```
public abstract class Shape implements Serializable {
    private static final long serialVersionUID = 1L;
    private String name;
    public Shape(String name) {
        this.name = name;
    }
```

```
        public String toString() {
            return name;
        }
    }
```

Circle 和 Rectangle 从 Shape 类继承并分别加入自己的属性，重写 toString()方法，代码如下：

```
    public class Circle extends Shape {
        private int radius;
        public Circle(String name, int radius) {
            super(name);
            this.radius = radius;
        }
        public String toString() {
            return super.toString()+ ", 半径: " + radius;
        }
    }
    public class Rectangle extends Shape {
        private int length;
        private int width;
        public Rectangle(String name, int length, int width) {
            super(name);
            this.length = length;
            this.width = width;
        }
        public String toString() {
            return super.toString()+ ", 长: " + length + ", 宽: " + width;
        }
    }
```

ObjectOutputTest 类将对象写入到文件中，代码如下：

```
    public class ObjectOutputTest {
        public static void main(String[] args) {
            ObjectOutputStream oos = null;
            try {
                File file = new File("E:\\test\\object.data");
                FileOutputStream fos = new FileOutputStream(file);
                oos = new ObjectOutputStream(fos);
                oos.writeObject(new Circle("圆 1", 10));
                oos.writeObject(new Rectangle("矩形 1", 10,20));
                oos.writeObject(new Circle("圆 2", 20));
            }
            catch (IOException e) {
                System.out.println("输出出错！");
            }finally{
                if(oos != null){
                    try {
                        oos.close();
```

```
                    } catch (IOException e) {
                        e.printStackTrace();
                    }
                }
            }
        }
    }
```

创建 ObjectOutputStream 对象后，调用 writeObject()方法向文件输出两个圆对象和一个矩形对象，程序运行后，可以在指定的文件夹中看到文件 object.data 的存在。

ObjectInputTest 类从文件中读取对象，代码如下：

```
public class ObjectInputTest {
    public static void main(String[] args) {
        ObjectInputStream ois = null;
        try {
            File file = new File("E:\\test\\object.data");
            FileInputStream fis = new FileInputStream(file);
            ois = new ObjectInputStream(fis);
            Shape[] s = new Shape[3];
            for(int i=0; i<3; i++){
                s[i] = (Shape) ois.readObject();
                System.out.println(s[i]);
            }
        }
        catch (ClassNotFoundException e) {
            System.out.println("Shape 类没有定义！ ");
        }
        catch (IOException e) {
            System.out.println("输入出错！ ");
        }
        finally{
            if(ois != null){
                try {
                    ois.close();
                } catch (IOException e) {
                    e.printStackTrace();
                }
            }
        }
    }
}
```

运行程序，可将文件中的对象读出并输出到控制台。

readObject()方法的返回值是 Object，将其强制转换为 Shape 对象后再输出，由于 Circle 和 Rectangle 都是 Shape 的子类，根据多态机制，可以分别输出圆形或矩形的具体信息。

### 10.2.5 ByteArrayInputStream 和 ByteArrayOutputStream

流的来源或目的地可以是内存中的一块空间，例如一个字节数组。ByteArrayInputStream 将一个字节数组当作流输入的来源，ByteArrayOutputStream 将一个字节数组当作流输出的目的地。

ByteArrayOutputStream 有如下两个构造方法：

- public ByteArrayOutputStream()：创建一个新的字节数组输出流，缓冲区的容量最初是 32 个字节，如有必要可增加其大小。
- public ByteArrayOutputStream(int size)：创建一个新的字节数组输出流，并通过参数指定缓冲区的容量（以字节为单位）。

ByteArrayInputStream 也有如下两个构造方法：

- public ByteArrayInputStream(byte[] buf)：创建一个 ByteArrayInputStream，使用 buf 作为其缓冲区数组。
- public ByteArrayInputStream(byte[] buf,int offset,int length)：创建一个 ByteArrayInputStream，使用 buf 作为其缓冲区数组。参数 buf 是输入缓冲区，offset 是缓冲区中要读取的第一个字节的偏移量，length 是从缓冲区中读取的最大字节数。

**例 10.7** 将一个字符串写到 ByteArrayOutputStream 的缓冲区中，然后利用 ByteArrayInputStream 将缓冲区中的内容读出来并显示到控制台，最后再将缓冲区的内容输出到磁盘文件中。

```
public class ByteArrayStreamTest {
    public static void main(String[] args) {
        String str   = "ByteArrayOutputStream And ByteArrayInputStream Test" ;
        byte[] b = str.getBytes();
        ByteArrayOutputStream baos = new ByteArrayOutputStream() ;
        try {
            baos.write(b);
        }catch (IOException e) {
            e.printStackTrace();
        }finally{
            try {
                baos.close();
            } catch (IOException e) {
                e.printStackTrace();
            }
        }
        ByteArrayInputStream bais = new ByteArrayInputStream(baos.toByteArray()) ;
        int   i;
        while( (i=bais.read()) !=-1){
            System.out.print((char)i);
        }
        FileOutputStream fos = null;
        try {
            fos = new FileOutputStream("D:/e7.txt") ;
            baos.writeTo(fos);
        }
        catch (FileNotFoundException e) {
            e.printStackTrace();
        }
```

```
            catch (IOException e) {
                e.printStackTrace();
            }
        }
    }
```

程序运行后，在控制台输出 ByteArrayOutputStream And ByteArrayInputStream Test，并在D 盘创建一个文件 e7.txt，文件中的内容也是 ByteArrayOutputStream And ByteArrayInputStream Test。

ByteArrayOutputStream 的 write()方法将参数字节数组写到 ByteArrayOutputStream 输出流中，toByteArray()方法创建一个新的字节数组，其大小是此输出流的当前大小，并已将缓冲区的有效内容复制到该数组中。

ByteArrayInputStream 的 read()方法从输入流中读取一个字节，返回对应的整数，如果到达流末尾，则返回-1。

ByteArrayOutputStream 的 writeTo()方法将字节数组输出流的全部内容写入到参数指定的输出流中，由于本例中的参数是一个文件输出流，因此将数据输出到文件中。

常用的字节流还有带缓冲区的输入输出流 BufferedInputStream 和 BufferedOutputStream。为了提高输入输出效率，BufferedInputStream 一次将一批数据读到缓冲区中，然后再从缓冲区读取数据，BufferedOutputStream 先将数据输出到缓冲区，当缓冲区被填满后，一次将数据输出到目的地。

BufferedInputStream 有如下两个构造方法：

- public BufferedInputStream(InputStream in)：创建一个 BufferedInputStream，参数是底层输入流。
- public BufferedInputStream(InputStream in, int size)：创建具有指定缓冲区大小的 BufferedInputStream，参数分别是底层输入流和缓冲区的大小。

例如可以用下面两行代码来创建 BufferedInputStream 对象：

```
FileInputStream fis = new FileInputStream("D:\\test.txt");
BufferedInputStream bis = new BufferedInputStream(fis);
```

BufferedOutputStream 的用法与 BufferedInputStream 类似，也是先创建一个 OutputStream 对象，再创建 BufferedOutputStream 对象。

## 10.3 字符流

字符流以字符为单位读写数据，通常用来处理文本数据，Java 对字符的处理采用 Unicode 编码。

Reader 和 Writer 分别是字符输入流与字符输出流的基类，它们的子类都是字符流。Reader 和 Writer 及其子类之间的继承关系如图 10.3 和图 10.4 所示。

Reader 和 Writer 都是抽象类，根据不同的输入输出任务，可选择使用 Reader 和 Writer 的具体子类。字符流与字节流的用法类似，下面举例介绍部分字符流类的使用，其他字符流类可以自行参考帮助文档。

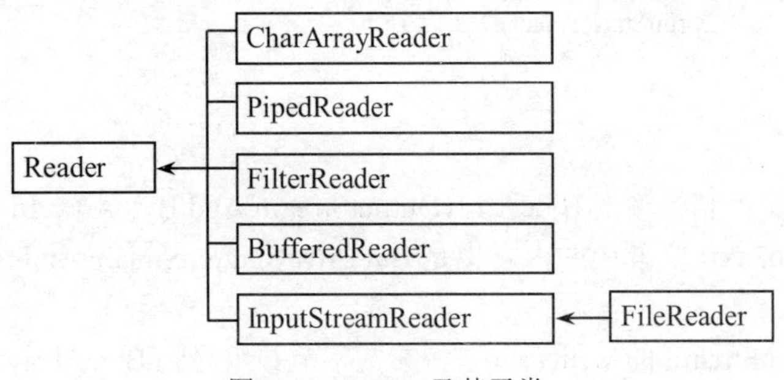


图 10.3　Reader 及其子类

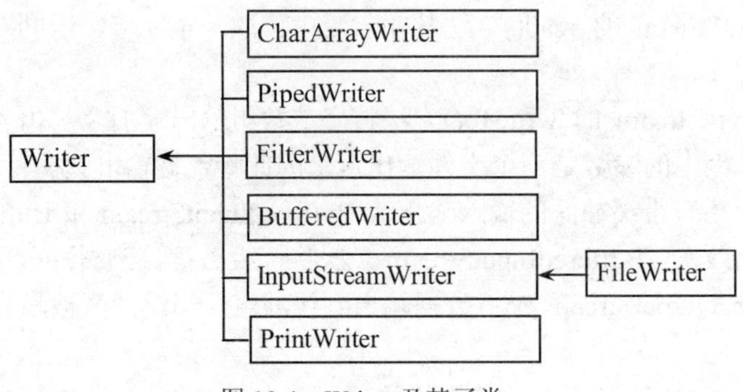


图 10.4　Writer 及其子类

### 10.3.1　InputStreamReader 和 OutputStreamWriter

数据在文件中都是以二进制存储的，因此即使用字符流读写数据，其底层操作也是字节流，这就需要字节流与字符流之间的转换。InputStreamReader 和 OutputStreamWriter 实现了字节流与字符流的转换。

同样的二进制数据，使用不同的字符编码会得到不同的字符，因此 InputStreamReader 和 OutputStreamWriter 的构造方法提供了指定字符编码的参数。可以使用如下构造方法创建 InputStreamReader 对象：

- public InputStreamReader(InputStream in)：创建使用默认字符集的 InputStreamReader。
- public InputStreamReader(InputStream in, String charsetName)：创建使用指定字符集的 InputStreamReader。

类似地，可以使用如下构造方法创建 OutputStreamWriter 对象：

- public OutputStreamWriter(OutputStream out)：创建使用默认字符编码的 OutputStream Writer。
- public OutputStreamWriter(OutputStream out, Charset cs)：创建使用指定字符集的 Output StreamWriter。

在 InputStreamReader 的构造方法中有一个InputStream参数，在 OutputStreamWriter 的构造方法中有一个OutputStream参数。在底层的输入输出是由InputStream和OutputStream实现的。在输出的过程中，OutputStreamWriter 负责将字符流编码成字节流，OutputStream负责字节流的输出；在输入过程中，InputStream负责字节流的输入，InputStreamReader 负责将字节流解码成字符流。

**例 10.8**　使用 OutputStreamWriter 将字符串写到文件中，然后再使用 InputStreamReader 将文件中的字符读出并显示到控制台。

将字符串输出到文件中的代码如下：

```
public class WriterTest {
	public static void main(String[] args) {
		FileOutputStream fos = null;
		OutputStreamWriter osw = null;
		try {
			fos = new FileOutputStream("d:\\test.txt");
			osw = new OutputStreamWriter(fos);
			osw.write("以字符流的形式输出到文件");
		} catch (FileNotFoundException e) {
			e.printStackTrace();
		}
		catch (IOException e) {
			e.printStackTrace();
		}
		finally{
			if(osw!=null){
				try {
					osw.close();
				} catch (IOException e) {
					e.printStackTrace();
				}
			}
			if(fos!=null){
				try {
					fos.close();
				} catch (IOException e) {
					e.printStackTrace();
				}
			}
		}
	}
}
```

OutputStreamWriter 的 write()方法可以将一个字符串写到输出流中。

将字符从文件中读出来的代码如下：

```
public class ReaderTest {
	public static void main(String[] args) {
		FileInputStream fis = null;
		InputStreamReader isr = null;
		try {
			fis = new FileInputStream("d:\\test.txt");
```

```
                isr = new InputStreamReader(fis);
                int a;
                while( (a=isr.read())!=-1){
                    System.out.print((char)a + " ");
                }
            } catch (FileNotFoundException e) {
                e.printStackTrace();
            }
            catch (IOException e) {
                e.printStackTrace();
            }
        }
    }
```

InputStreamReader 的 read()从流中读取一个字符，如果到达流的末尾，则返回-1。

### 10.3.2 使用字符流实现文本的复制

FileWriter 和 FileReader 是用来实现将字符读写到文件的 IO 类。为了方便文本数据的读取，另一个流类 BufferedReader 提供了一个一次读取一行的方法 readLine()。

**例 10.9** 使用字符流复制文件。

```
public class FileCopy {
    public static void main(String[] args) {
        File f1 = new File("E:\\" + "FileCopy.java");
        File f2 = new File("E:\\" + "Copyed.java");
        FileReader fr = null;
        FileWriter fw = null;
        BufferedReader br=null;
        String str;
        try {
            fr = new FileReader(f1);
            fw = new FileWriter(f2);
            br = new BufferedReader (fr);
            while( (str = br.readLine())!=null) {
                fw.write(str+"\r\n");
            }
        } catch (IOException e) {
            e.printStackTrace();
        }
        finally {
            if(br != null) {
                try {
                    br.close();
                    fr.close();
                } catch (IOException e) {
                    e.printStackTrace();
                }
```

```
                }
                if(fw != null) {
                    try {
                        fw.close();
                    } catch (IOException e) {
                        e.printStackTrace();
                    }
                }
            }
        }
    }
```

首先在 E 盘准备好文件 FileCopy.java，然后运行本程序，在 E 盘下会得到一个复制的文件 Copyed.java。

对于 FileWriter 和 FileReader，这里所使用的构造方法的参数都是一个 File 对象，用于指定 FileWriter 和 FileReader 与哪个文件相关联。BufferedReader 构造方法的参数是 FileReader 对象，将 FileReader 包装成 BufferedReader，这样可以利用 BufferedReader 的 readLine()方法从文件中读取一行。由于读出的一行不包括回车换行符，因此在写入文件时要加上回车换行符。

### 10.3.3　PrintWriter

PrintWriter 类适合于向文本文件中写入数据，它提供的 println()和 print()方法与我们在控制台输出数据（使用 System.out）的用法是类似的。

**例 10.10**　使用 PrintWriter 向文本文件输出各种类型的数据。

```
public class PrintWriterTest {
    public static void main(String[] args) {
        FileOutputStream fos = null;
        PrintWriter pw = null;
        try {
            fos = new FileOutputStream("d:\\test.txt");
            pw = new PrintWriter(fos);
            pw.println(10);
            pw.println(20.5);
            pw.println(true);
            pw.println("Hello");
        } catch (FileNotFoundException e) {
            e.printStackTrace();
        }
        finally{
            if(pw!=null){
                pw.close();
            }
            if(fos!=null){
                try {
                    fos.close();
                } catch (IOException e) {
```

```
                        e.printStackTrace();
                    }
                }
            }
        }
    }
```

程序运行后，可以在 D 盘找到 test.txt 文件，打开后可以看到文件中的内容。

## 10.4 习题

### 一、选择题

1．DataInputStream 和 DataOutputStream 用于处理（ ）。

A．文件流 B．字节流 C．字符流 D．对象流

2．测试文件是否存在可以采用如下 File 类的（ ）方法。

A．isFile() B．isFiles() C．exist() D．exists()

3．获取一个不包含路径的文件名的方法（File 类的方法）是（ ）。

A．String getName() B．String getPath()

C．String getAbslutePath() D．String getParent()

4．Java 语言中提供输入输出流的包是（ ）。

A．java.sql B．java.util C．java.math D．java.io

5．下列流中（ ）使用了缓冲区技术。

A．BufferedOutputStream B．FileInputStream

C．DataOutputStream D．FileReader

### 二、判断题

1．Java 中，InputStream 和 OutputStream 是以字节为读写单位的输入输出流的基类，Reader 和 Writer 是以字符为读写单位的输入输出流的基类。

2．以字节方式对文件进行读写可以通过 FileReader 类和 FileWriter 类来实现。

3．Java 中的非字符输出流都是 OutputStream 抽象类的子类。

4．按照流处理数据的基本单位，I/O 流包括输入流和输出流。

### 三、编程题

1．编写一递归程序，列举出某个目录以及所有子目录下的所有文件，要求同时列出它们的一些重要属性。

2．创建一个文本文件（.txt），输入一些英文字母。然后编写 Java 程序，统计文件中各个字母出现的次数并输出到控制台。

3．应用 FileInputStream 类，编写应用程序，从磁盘上读取一个 Java 程序并将源程序代码显示在屏幕上。

# 第 11 章　数据库编程

数据库（Database）是按照数据结构来组织、存储和管理数据的仓库。很多实际应用系统的数据存储都是以数据库为基础的，因此数据库编程也是 Java 的重要内容之一。

JDBC 是 Java 中提供的一套数据库编程 API，它定义了一套用来访问数据库的标准 Java 类库。通过 JDBC，可以用 Java 编写程序，实现与特定数据库的连接，向数据库发送 SQL 语句，实现对数据库的特定操作，并对数据库返回的结果进行处理。

## 11.1　Java 数据库编程概述

### 11.1.1　JDBC 简介

JDBC（Java DataBase Connectivity）是一种用于执行 SQL 语句的 Java API，可以为多种关系数据库提供统一的访问，由一组用Java 语言编写的类和接口组成。JDBC 提供了一种基准，据此可以构建更高级的工具和接口，使数据库开发人员能够方便地编写数据库应用程序。

JDBC 实际上有两组 API，一组面向 Java 应用程序开发人员，另一组面向数据库驱动程序开发人员。

JDBC 连接数据库示意图如图 11.1 所示，在程序中访问数据库，需要借助数据库的驱动程序，不同的数据库有不同的驱动程序，如 SQL Server 数据库有 SQL Server 驱动程序，MySQL 数据库有 MySQL 驱动程序，这些驱动程序一般可以到数据库开发商的网站上下载。

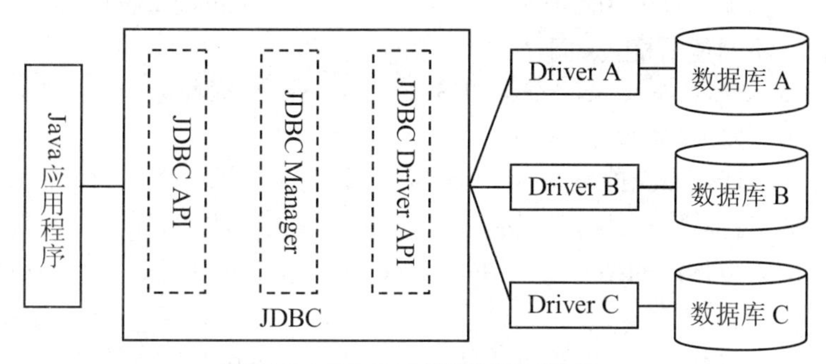


图 11.1　JDBC 连接数据库示意图

不同数据库的驱动程序都实现了统一的 JDBC Driver API 接口，这为 JDBC Manager 提供了极大的方便，不再需要针对不同的数据库作不同的处理。

Java 程序员利用 JDBC API 向 JDBC 发送各种 SQL 命令，JDBC 再通过 JDBC Driver API 向数据库传送指令。

在进行数据库编程时，需要根据使用的数据库下载不同的数据库驱动程序，并将驱动程序导入到 Eclipse 中。

### 11.1.2 数据库编程的基本过程

1. 准备工作

下载数据库驱动程序，本章我们使用 MySQL 数据库，将文件下载并解压缩后，找到类似文件 mysql-connector-java-5.1.30-bin.jar，这个文件就是驱动程序，其中 5.1.30 是版本号，不同的版本这个序列号不同，其他部分基本相同。

导入驱动程序的方法是，在 Eclipse 的 WorkSpace 窗口中找到要使用数据库的 Project，在项目名称上右击，在弹出的快捷菜单中选择 Build Path→Add External Archives 选项，出现选择文件对话框，选择上面解压缩后的数据库驱动程序，单击“打开”按钮。

2. 编程步骤

（1）加载 JDBC 驱动程序。

在连接数据库之前，先要加载想要连接的数据库的驱动到 JVM（Java 虚拟机），这通过 java.lang.Class 类的静态方法 forName(String className)实现，MySQL 的加载代码如下：

```
try{
        Class.forName("com.mysql.jdbc.Driver") ;
}
catch(ClassNotFoundException e){
        System.out.println("找不到驱动程序类，加载驱动失败！");
        e.printStackTrace() ;
}
```

成功加载后，会将 Driver 类的实例注册到 DriverManager 类中。其中 forName()方法的参数 com.mysql.jdbc.Driver 就是驱动类名（Driver）及其所在的包（com.mysql.jdbc）。如果找不到这个类则产生 ClassNotFoundException 异常。

（2）创建数据库连接。

将驱动注册后，就可以使用 DriverManager 类的 getConnnection()方法建立数据库连接，getConnnection()方法的使用格式如下：

```
DriverManager.getConnnection(String url, String username, String password)
```

方法的返回值就是 Connection 对象。

参数 url 定义了连接数据库的协议、子协议、数据源标识，格式为“协议:子协议:数据源标识”，如 MySQL 的协议是 jdbc，子协议是 mysql，数据源的格式是“//ip:端口/数据库名”，如果是本机数据库，数据源的格式是“//localhost:3306/数据库名”，其中 3306 是 MySQL 占用的端口（MySQL 安装时的默认端口，如果没有改变就是 3306）。

参数 username 是 MySQL 数据库的用户名，参数 password 是用户的密码。

（3）创建 Statement 或 PreparedStatement。

通过数据库连接 con 可以创建 Statement 对象或 PreparedStatement 对象，创建方式如下：

```
Statement stmt = con.createStatement() ;
PreparedStatemen pstmt = con.prepareStatement(sql) ;
```

（4）执行 SQL 语句。

通过 Statement 对象执行 SQL 语句的方法完成对数据库的各种操作。Statement 常用的方法有 executeQuery()方法和 executeUpdate()方法。executeQuery()方法用于执行数据库的查询语句(如 SELECT 语句),executeUpdate()方法用于执行数据库的更新语句(如 INSERT、UPDATE、CREATE TABLE 等语句)。

（5）处理查询结果。

Statement 的 executeQuery()方法返回结果记录集（ResultSet 对象），结果记录集可能包含一条记录或多条记录，可通过 ResultSet 提供的方法逐条处理得到的记录。

（6）关闭 JDBC 对象。

操作完成以后要把所有使用的 JDBC 对象全都关闭以释放 JDBC 资源,关闭顺序和声明顺序相反，包括关闭记录集、关闭 Statement（或 PreparedStatement）、关闭数据库连接对象。

## 11.2 创建数据库和数据表

### 11.2.1 数据库和表结构

为了介绍数据库的各种操作，先要建立一个数据库以及数据库中的两个表。数据库的名字是 Student，包含两个表 StudentInfo 和 StudentScore。

StudentInfo 表的结构如表 11.1 所示。

表 11.1 StudentInfo 表的结构

| 字段名 | 类型（长度） | 可否为空 | 是否主键 | 含义 |
|---|---|---|---|---|
| stuid | int | 不可以 | 是 | 学号 |
| name | char（8） | 不可以 | 不是 | 姓名 |
| class | char（6） | 不可以 | 不是 | 班级号 |
| age | int | 不可以 | 不是 | 年龄 |

StudentScore 表的结构如表 11.2 所示。

表 11.2 StudentScore 表的结构

| 字段名 | 类型（长度） | 可否为空 | 是否主键 | 含义 |
|---|---|---|---|---|
| stuid | int | 不可以 | 不是 | 学号 |
| courseid | int | 不可以 | 不是 | 课程号 |
| score | int | 不可以 | 不是 | 成绩 |

### 11.2.2 创建数据库和表

可以在 MySQL 数据库中直接建立数据库和表，为了方便我们使用程序建立数据库和表，以方便后面使用。

**例 11.1** 建立数据库连接并创建 Student 数据库及库中的两个表 StudentInfo 和 Student Score。首先设计建立数据库连接的程序，然后再给出创建数据库的程序。

1. 建立数据库连接

设计数据库连接类 DBConnection，下面先给出程序，然后再详细解释。

```
public class DBConnection {
    public static Connection getConnection(){
        Connection conn = null;
        try {
            Class.forName("com.mysql.jdbc.Driver");
            conn = DriverManager.getConnection("jdbc:mysql://localhost:3306/","root","1234");
        } catch (ClassNotFoundException e) {
            System.out.println("failed to register driver.");
            e.printStackTrace();
        } catch (SQLException e) {
            System.out.println("failed to execute sql.");
            e.printStackTrace();
        }
        return conn;
    }
    public static void closeConnection(Connection conn) {
        if (conn != null) {
            try {
                conn.close();
            } catch (SQLException e) {
                e.printStackTrace();
            }
        }
    }
}
```

上面的 DBConnection 类有两个静态方法（这样就可以使用类名直接调用），getConnection()方法返回一个 Connection 对象，closeConnection()方法关闭数据库连接。

Connection 是 java.sql 包中定义的接口，这里所说的 Connection 对象当然是实现 Connection 接口的类的对象。

在 getConnection()方法中，url 是 jdbc:mysql://localhost:3306/，其中 jdbc 是协议，mysql 是子协议，//localhost:3306/是数据源标识，这里使用的是本机数据库，但是并没有给出数据库的名字，是因为这个程序是要创建数据库，在创建之前数据库是不存在的，因此不能在这里指定数据库的名称。

格式是“//ip:端口/数据库名”，如果是本机数据库，数据源的格式是“//localhost:3306/数据库名”，其中 3306 是 MySQL 占用的端口（MySQL 安装时的默认端口，如果没有改变就是 3306）。

用户名是 root，密码是 1234。

closeConnection()方法关闭数据库连接，由于 Connection 对象在关闭时也可能产生异常，因此也要进行异常处理。

2. 创建数据库和表

创建数据库的类是 DBCreate，代码如下：

```
public class DBCreate{
    public static void main(String[] args) {
        Connection conn = null;
        Statement stmt = null;
        conn = DBConnection.getConnection();
        if(conn == null){
            System.out.println("数据库未能连接！");
            System.exit(-1);
        }
        try{
            stmt = conn.createStatement();
            stmt.executeUpdate("create database student");
            stmt.executeUpdate("use student");
            stmt.executeUpdate("create table studentInfo (stuid int not null primary key," +
                                                "name VARCHAR(8) not null, " +
                                                "class VARCHAR(6) not null," +
                                                "age INT not null)"    );
            stmt.executeUpdate("insert into studentInfo values(1,'Zhangsan', '150101',15)");
            stmt.executeUpdate("insert into studentInfo values(2,'Lisi', '150102',16)");
            stmt.executeUpdate("create table studentScore ( stuid int not null," +
                                                "courseid int not null, " +
                                                "score int not null)"    );
            stmt.executeUpdate("insert into studentScore values(1, 1, 80)");
            stmt.executeUpdate("insert into studentScore values(2, 1, 90)");
            stmt.executeUpdate("insert into studentScore values(1, 2, 100)");
            stmt.executeUpdate("insert into studentScore values(2, 2, 95)");
        }
        catch (SQLException e) {
            System.out.println("创建数据库异常！");
        }
        finally{
            if(stmt != null){
                try {
                    stmt.close();
                } catch (SQLException e) {
                    e.printStackTrace();
                }
            }
            DBConnection.closeConnection(conn);
        }
    }
}
```

有了数据库连接对象后，就可以使用它的 createStatement()创建一个 Statement 对象，当然 Statement 也是 java.sql 包中定义的接口，因此这里仍然是实现 Statement 接口的类的对象。

使用 Statement 的 executeUpdate()方法可以执行数据定义语言 DDL 和数据操纵语言 DML，如创建数据库、创建表、删除数据库、在表中插入记录、删除表中的记录、更新表的内容等。

executeUpdate()方法的参数就是要执行的 SQL 语句，如程序中的 create database student、use student、create table studentInfo (stuid int not null primary key, name VARCHAR(8) not null, class VARCHAR(6) not null, age INT not null)、insert into studentInfo values (1,'Zhangsan', '150101',15)等。

程序运行后，我们可以在 MySQL 数据库中看到所建立的数据库和其中的两个表以及两个表中的记录。下面是在 MySQL 命令行输入的命令和命令的执行结果。

```
mysql> use student;                   【输入命令】
Database changed                      {执行结果}
mysql> show tables;                   【输入命令】
+----------------------+              {执行结果}
| Tables_in_student    |              {执行结果}
+----------------------+              {执行结果}
| studentinfo          |              {执行结果}
| studentscore         |              {执行结果}
+----------------------+              {执行结果}
2 rows in set (0.00 sec)              {执行结果}
mysql> select * from studentInfo;             【输入命令】
+--------+-----------+---------+------+       {执行结果}
|  stuid | name      | class   | age  |       {执行结果}
+--------+-----------+---------+------+       {执行结果}
|      1 | Zhangsan  | 150101  |   15 |       {执行结果}
|      2 | Lisi      | 150102  |   16 |       {执行结果}
+--------+-----------+---------+------+       {执行结果}
2 rows in set (0.00 sec)                      {执行结果}
mysql> select * from studentScore;            【输入命令】
+--------+----------+-------+                 {执行结果}
|  stuid | courseid | score |                 {执行结果}
+--------+----------+-------+                 {执行结果}
|      1 |        1 |    80 |                 {执行结果}
|      2 |        1 |    90 |                 {执行结果}
|      1 |        2 |   100 |                 {执行结果}
|      2 |        2 |    95 |                 {执行结果}
+--------+----------+-------+                 {执行结果}
4 rows in set (0.00 sec)                      {执行结果}
```

注意，以上程序运行后，数据库 Student 以及库中的表就已经存在了，如果想再次运行程序，就要先将数据库删除（试图创建一个已经存在的数据库将产生一个异常）。

如果需要再次运行程序重新创建数据库，可以在创建数据库语句之前加入下面的删除数据库语句。

```
stmt.executeUpdate("drop database student");
```

# 11.3　数据库查询与更新

在上一节创建数据库的基础上完成查询、更新等功能。

## 11.3.1　数据库查询

可以使用 Statement 的 executeQuery()方法查询数据表中指定条件的记录，查询的 SQL 语句由参数指定，函数的返回值是查询结果记录集，也就是 ResultSet 对象。

**例 11.2**　查询 Student 数据库中 StudentInfo 表中的所有记录和 StudentScore 表中 Zhangsan 的成绩。

复制例 11.1 中的 DBConnection 类，由于现在已经有了数据库 Student，将建立数据库连接的 url 加上数据库的名称，修改后的语句如下：

```
conn = DriverManager.getConnection("jdbc:mysql://localhost:3306/Student","root","1234");
```

创建 DBQuery 类实现对数据库中表的查询，代码如下：

```
public class DBQuery {
    public static void main(String[] args) {
        DBQuery dbq = new DBQuery();
        dbq.queryStudentInfo();
        System.out.println("************************");
        dbq.queryStudentScore();
    }
    public void queryStudentInfo(){
        Connection conn = null;
        Statement stmt = null;
        ResultSet rs = null;
        conn = DBConnection.getConnection();
        if(conn == null){
            System.out.println("数据库未能连接！");
            System.exit(-1);
        }
        try{
            stmt = conn.createStatement();
            String sql = "select * from StudentInfo";
            rs = stmt.executeQuery(sql);
            while(rs.next()){
                System.out.print(rs.getInt("stuid") + "\t");
                System.out.print(rs.getString("Name") + "\t");
                System.out.print(rs.getString("Class") + "\t");
                System.out.print(rs.getInt("age"));
                System.out.println();
            }
        }
        catch (SQLException e) {
            e.printStackTrace();
```

```
        }
        finally{
            if(rs != null){
                try {
                    rs.close();
                } catch (SQLException e) {
                    e.printStackTrace();
                }
            }
            if(stmt != null){
                try {
                    stmt.close();
                } catch (SQLException e) {
                    e.printStackTrace();
                }
            }
            DBConnection.closeConnection(conn);
        }
    }
    public void queryStudentScore(){
        Connection conn = null;
        Statement stmt = null;
        ResultSet rs = null;
        conn = DBConnection.getConnection();
        if(conn == null){
            System.out.println("数据库未能连接！ ");
            System.exit(-1);
        }
        try{
            String sql = "select * from StudentScore where stuid = 1";
            stmt = conn.createStatement();
            rs = stmt.executeQuery(sql);
            while(rs.next()){
                System.out.print(rs.getInt("stuid") + "\t");
                System.out.print(rs.getString("courseid") + "\t");
                System.out.print(rs.getInt("score"));
                System.out.println();
            }
        }
        catch (SQLException e) {
            e.printStackTrace();
        }
        finally{
            if(rs != null){
                try {
                    rs.close();
                } catch (SQLException e) {
```

```
                        e.printStackTrace();
                    }
                }
                if(stmt != null){
                    try {
                        stmt.close();
                    } catch (SQLException e) {
                        e.printStackTrace();
                    }
                }
                DBConnection.closeConnection(conn);
            }
        }
    }
```

运行结果如下：

```
1    Zhangsan  150101    15
2    Lisi  150102    16
************************
1    1    80
1    2    100
```

DBQuery 类中的两个方法一个实现对 StudentInfo 表的查询，另一个实现对 StudentScore 表的查询。

在 queryStudentInfo()方法中，首先得到数据库的连接对象以及 Statement 对象，Statement 的 executeQuery()方法返回查询结果记录集，其参数是要执行的 SQL 语句，这里我们要查询的是学生表的所有记录。

ResultSet 对象是查询结果记录集，ResultSet 的 next()方法将指针移动到当前位置的下一行，ResultSet 指针的初始位置位于第一行之前，因此第一次调用 next()方法将会把第一行设置为当前行，第二次调用 next()方法指针移动到第二行。

当 next()方法返回 false 时，表明指针位于最后一行之后，因此可以使用下面的循环遍历记录集中的所有记录。

```
while(rs.next()){
    ;
}
```

获取当前行的某个字段的值可以使用 get 方法，如获取字符型字段的值 getString()、获取整型字段的值 getInt()、获取实型字段的值 getDouble()等。这些 get 方法的参数是字段名或者是字段的序号（序号从 1 开始）。

queryStudentScore()方法与 queryStudentInfo()方法类似，只是查询的是成绩表中学号为 1 的成绩。

### 11.3.2　数据库更新

#### 1. 使用 Statement 更新数据

可以使用 Statement 的 executeUpdate ()方法更新数据库中的数据，如插入记录、删除记录、更新记录等。

**例 11.3** 向 Student 数据库的 StudentInfo 表中插入若干条记录，要求记录的内容是在程序运行时从键盘输入的，直到输入学号为-1 时结束。

程序代码如下：

```
public class DBUpdate {
    public static void main(String[] args) {
        Connection conn=null;
        Statement stmt = null;
        Scanner sc = new Scanner(System.in);
        try {
            Class.forName("com.mysql.jdbc.Driver");
            String url = "jdbc:mysql://localhost:3306/student";
            conn = DriverManager.getConnection(url,"root","1234");
            stmt = conn.createStatement();
            System.out.println("input    id name bj    age");
            int id = sc.nextInt();
            while(id!=-1){
                String name = sc.next();
                String bj = sc.next();
                int age = sc.nextInt();
                String sql = "insert into studentInfo values("    + id + ",'" +
                                        name + "','" + bj + "'," + age +")";
                stmt.executeUpdate(sql);
                id = sc.nextInt();
            }
        }
        catch (ClassNotFoundException e) {
            e.printStackTrace();
        }
        catch (SQLException e) {
            e.printStackTrace();
        }
        finally{
            try {
                stmt.close();
                conn.close();
            }
            catch (SQLException e1) {
                e1.printStackTrace();
                System.exit(-1);
            }
        }
    }
}
```

程序运行结果如下：

```
input   id name bj   age             {程序输出}
03 Wangwu 150101 20                  【输入】
04 Zhaoliu 150102 19                 【输入】
-1                                   【输入】
```

程序运行后，输入两条记录，然后输入-1，结束程序运行。然后运行例 11.2 的程序查询表中的记录，可以看到上面输入的两行数据已经在 StudentInfo 表中。

与 executeQuery()方法类似，executeUpdate()方法的参数是一个更新数据的 SQL 语句。

2. 使用 PreparedStatement 更新数据

在例 11.3 中，插入记录之前要拼写 SQL 语句，拼写 SQL 语句的工作比较琐碎，容易出错，我们可以使用另一个接口 PreparedStatement 来简化 SQL 语句的拼写。

**例 11.4**　使用 PreparedStatement 向 Student 数据库的 StudentInfo 表中插入若干条记录，要求记录的内容是在程序运行时从键盘输入的，直到输入学号为-1 时结束。

下面首先给出程序代码，然后再详细解释。

```
public class TestPrepaeredStatement {
    public static void main(String[] args) {
        Connection conn=null;
        PreparedStatement pstmt = null;
        Scanner sc = new Scanner(System.in);
        try {
            Class.forName("com.mysql.jdbc.Driver");
            String url = "jdbc:mysql://localhost:3306/student";
            conn = DriverManager.getConnection(url,"root","1234");
            pstmt = conn.prepareStatement("insert into studentInfo values(?,?,?,?)");
            System.out.println("input    id name bj    age");
            int id = sc.nextInt();
            while(id != -1){
                String name = sc.next();
                String bj = sc.next();
                int age = sc.nextInt();
                pstmt.setInt(1,id);
                pstmt.setString(2, name);
                pstmt.setString(3, bj);
                pstmt.setInt(4, age);
                pstmt.executeUpdate();
                id = sc.nextInt();
            }
        }
        catch (ClassNotFoundException e) {
            e.printStackTrace();
            System.exit(-1);
        }
        catch (SQLException e) {
            e.printStackTrace();
        }
        finally{
```

```
                try {
                    pstmt.close();
                    conn.close();
                }
                catch (SQLException e1) {
                    e1.printStackTrace();
                    System.exit(-1);
                }
            }
        }
    }
```

程序运行与例 11.3 一样，可以添加若干条记录，输入学号-1 时结束运行。

使用 Connection 的 prepareStatement()方法，得到一个 PreparedStatement 对象，prepareStatement()方法的参数是一个带参数的 SQL 语句，每个参数用“?”号表示，如下面一行程序中的 SQL 语句有 4 个参数，4 个参数的序号分别是 1、2、3、4。

```
pstmt = conn.prepareStatement("insert into studentInfo values(?,?,?,?)");
```

SQL 中的这些参数值可以用 PreparedStatement 的 set 方法设置，为不同类型的参数提供了一组 set 方法，如 setInt()、setString()、setDouble()等。set 方法有两个参数，第一个参数是 SQL 语句中参数的序号，第二个参数是提供的参数值。

因为在创建 PreparedStatement 对象时已经提供了 SQL 语句，所以在调用 executeUpdate()方法更新时就不需要 SQL 语句参数了。

PreparedStatement 接口是 Statement 接口的子接口，它继承了 Statement 接口的所有功能。使用 PreparedStatement 接口的优点大概有以下三个：

（1）提高代码的可读性。

通过前面两个例子的比较可以看出，使用 PreparedStatement 接口使得 SQL 语句的拼写更加简洁。

（2）提高执行效率。

因为 Java 编译后的文件是字节码文件，不是可执行文件，因此在 Java 程序运行时，需要 Java 虚拟机将字节码文件中的命令转换成机器指令。如果使用 Statement 对象多次执行同一个 SQL 语句就需要多次将字节码文件中的命令转换成机器指令。而 PreparedStatement 接口可以在数据库支持预编译的情况下预先将 SQL 语句编译，当多次执行这条 SQL 语句时，可以直接执行编译好的 SQL 语句，只是传递不同的参数，这样就提高了程序执行效率。

当然，不仅在更新数据时可以使用 PreparedStatement 提高效率，在查询时也同样可以使用 PreparedStatement 提高效率。例如在查询某个学生成绩时，可以使用如下语句创建 PreparedStatement 对象：

```
pstmt = conn.prepareStatement("select * from StudentScore where stuid = ?");
```

然后使用 set 方法为参数设置不同的值，以完成不同学生的成绩查询，例如：

```
pstmt.setInt(1, 1);          //查询学号为 1 的成绩
pstmt.executeUpdate();
pstmt.setInt(1, 2);          //查询学号为 2 的成绩
pstmt.executeUpdate();
```

（3）提高安全性。

与 Statement 拼凑 SQL 语句不同，PreparedStatement 是通过“?”来传递参数的，避免了拼 SQL 而出现 SQL 注入的问题，提高了程序的安全性。

前面我们使用了 Connection 接口、Statement 接口、PreparedStatement 接口、ResultSet 接口，但并没有看到实现这些接口的类。事实上实现这些接口的类是各个数据库开发商实现的，比如可以在我们导入的 mysql-connector-java-5.1.30-bin.jar 包中找到相应的类。

## 11.4　数据库的其他操作

### 11.4.1　ID 自动增加

在实际应用中，有时需要某个表中的 id 是自动增加的，对于这样的字段，在创建表时要指定该字段具有 int auto_increment 属性，可在程序中使用下面的语句创建表：

```
stmt.executeUpdate("create table student (stuid int auto_increment not null primary key," +
                                        "name VARCHAR(8) not null)" );
```

执行后，在当前数据库中创建名为 student 的表，表中有两个字段，其中 stuid 为整型、主键，并且是自动增加的，另一个字段姓名 name 是字符型的。

在向 student 表中添加记录时，只需要为 name 提供值，stuid 通过增加自动得到值。

**例 11.5**　在 Student 数据库中再增加一个表 student，该表有两个字段，学号 stuid 为整型自动增加，姓名 name 为字符型；然后为 student 表增加两条记录。

设计 TestIDIncreament，代码如下：

```
public class TestIDIncreament {
    public static void main(String[] args) {
        Connection conn=null;
        Statement stmt = null;
        try {
            Class.forName("com.mysql.jdbc.Driver");
            String url = "jdbc:mysql://localhost:3306/Student";
            conn = DriverManager.getConnection(url,"root","1234");
            stmt = conn.createStatement();
            stmt.executeUpdate("create table student(stuid int auto_increment " +
                              "not null primary key, name VARCHAR(8) not null)"    );
            stmt.executeUpdate("insert into student (name) values('张三')");
            stmt.executeUpdate("insert into student (name) values('李四')");
        }
        catch (ClassNotFoundException e) {
            e.printStackTrace();
            System.exit(-1);
        }
        catch (SQLException e) {
            e.printStackTrace();
        }
        finally{
```

```
                try {
                    stmt.close();
                    conn.close();
                }
                catch (SQLException e) {
                    e.printStackTrace();
                }
            }
        }
    }
```

程序运行后，可以在数据库 Student 中找到 student 表，表中有如下两条记录：

1 张三
2 李四

说明自动编号是从 1 开始的。

在创建 student 表时，指定 stuid 为自动增加。在插入记录时，要指出为哪些字段提供值，上面的程序只为姓名 name 提供值，学号 stuid 自动获得值。

### 11.4.2 创建可滚动可更新的记录集

1．功能更多的 Statement 对象

前面在创建 Statement 对象时，使用的是 Connection 没有参数的 createStatement()方法，使用这种方式创建的 Statement 对象查询得到的结果记录集（ResultSet 对象）位置指针只能向前移动（TYPE_FORWARD_ONLY），也就是只能使用 ResultSet 对象的 next()方法。

为了实现更多的功能，Connection 还提供了以下带有参数的 createStatement()方法：

```
Statement con.createStatement (int resultSetType, int resultSetConcurrency);
```

参数 resultSetType 可以有如下取值：

- ResultSet.TYPE_FORWARD_ONLY：位置指针只能向前移动。
- ResultSet.TYPE_SCROLL_INSENSITIVE：位置指针可前后移动，不反映数据库的变化。
- ResultSet.TYPE_SCROLL_SENSITIVE：位置指针可前后移动，反映数据库的变化。

参数 resultSetConcurrency 可以有如下取值：

- ResultSet.CONCUR_READ_ONLY：不能进行数据更新操作。
- ResultSet.CONCUR_UPDATABLE：可以进行数据更新操作。

类似地，可以创建具有更多功能的 PreparedStatement 对象。

2．ResultSet 提供的方法

除了前面使用的 next()方法，ResultSet 还提供了以下常用方法：

- boolean absolute(int row);：将位置指针移到记录集的某行。
- boolean first();：将位置指针移到记录集的第一行。
- boolean previous();：将位置指针移到记录集当前行的前一行。
- boolean last();：将位置指针移到记录集的最后一行。

还有一组 update 方法，用于更新当前记录某个字段的值，根据字段类型的不同有不同的 update 方法，如 updateInt()、updateString()、updateDouble()等方法。

**例 11.6** 将 StudentInfo 表中的学生 Lisi 的年龄改为 30，然后按从后向前的顺序输出所有

记录。

程序代码如下：

```
public class TestScrollRS {
	public static void main(String[] args) {
		Connection conn=null;
		Statement stmt = null;
		ResultSet rs = null;
		try {
			Class.forName("com.mysql.jdbc.Driver");
			String url = "jdbc:mysql://localhost:3306/student";
			conn = DriverManager.getConnection(url,"root","1234");
			stmt = conn.createStatement(ResultSet.TYPE_SCROLL_INSENSITIVE,
									ResultSet.CONCUR_UPDATABLE);
			rs = stmt.executeQuery("select * from studentInfo where stuid=2");
			if(rs.next()){
				rs.updateInt("age",30);
				rs.updateRow();
			}
			rs = stmt.executeQuery("select * from studentInfo");
			rs.afterLast();
			while(rs.previous()){
				System.out.print(rs.getString("stuid") + "    ");
				System.out.print(rs.getString("name") + "    ");
				System.out.print(rs.getString("class") + "    ");
				System.out.print(rs.getString("age"));
				System.out.println();
			}
		}
		catch (ClassNotFoundException e) {
			e.printStackTrace();
			System.exit(-1);
		}
		catch (SQLException e) {
			e.printStackTrace();
		}
		finally{
			try {
				stmt.close();
				conn.close();
			}
			catch (SQLException e1) {
				e1.printStackTrace();
				System.exit(-1);
			}
		}
	}
}
```

程序运行结果如下：

```
4 Zhaoliu  150102  20
3 Wangwu  150101  19
2 Lisi  150102  30
1 Zhangsan  150101  15
```

已经将 Lisi 的年龄改为 30，并按原来记录的相反顺序输出学生表中的记录。

在创建 Statement 对象时，指定记录集的位置指针是可以回滚的，并且记录也是可以修改的，然后查找学号为 2 的记录，将年龄修改为 30。注意，使用 updateInt()方法修改字段的值之后，还要调用 updateRow()方法完成记录的更新。

重新查询学生表中的所有学生，将记录集的位置指针移到最后一行的后面，这样就可以使用 while(rs.previous())按从后向前的顺序遍历记录集中的所有行。

## 11.5 习题

### 一、选择题

1．能够对数据库进行增加、删除、修改和查询的接口是（　　）。

A．ResultSet　　B．Connection

C．Statement　　D．ActionListener

2．当 ResultSet 对象含有多条记录时，可以将指针位置移到指定行的方法是（　　）。

A．first()　　B．absolute()

C．previous()　　D．next()

3．有一个数据表 aa，结构中包含两个字段，id 整型，name 字符型，创建表的命令是（　　）。

A．delete table aa(id,name)

B．create table aa(id,name)

C．drop aa(id int,name varchar(20))

D．create table aa(id int,name varchar(20))

### 二、判断题

1．PreparedStatement 比 Statement 具有更好的安全性。

2．加载数据库的驱动和建立数据库连接都可能产生异常，所以必须用 try/catch 块处理。

3．创建 Statement 对象之前不需要创建数据库连接。

4．加载驱动之后，利用 DriverManager 类的 Connetion()方法创建一个数据库连接。

5．要想得到记录集中当前行某个整型字段的值，必须首先用 ResultSet 的 getString()方法获取对应的字符串，然后再转换为整数。

### 三、编程题

创建一个书店数据库 BookStore，里面有一个图书表 Book，字段有 id（整型、主键、自动增加）、书名（字符型，长度 30）、作者（字符型，长度 10）、单价（实型）、数量（整型）、出版社（字符型，长度 30），编程实现以下功能（不要求 GUI 界面，实现在控制台输入输出即可）：

（1）编写 Java 程序，创建数据库 BookStore 和图书表 Book。

（2）编写程序实现向 Book 表中添加记录的功能。

（3）将某个出版社的图书显示出来。

（4）删除指定的某一本书。

（5）修改某本书的单价。

（6）统计某个出版社的图书总价。

# 第 12 章　网络编程

网络编程是指编写运行在多个设备（计算机）上的程序，这些设备都通过网络连接起来。程序员所做的主要工作就是把数据发送到指定的位置或者接收到指定的数据。

java.net 包中提供的类和接口为网络编程提供了极大的方便。

## 12.1　网络编程概述

### 12.1.1　网络基本概念

1. IP 地址

IP（Internet Protocol）是网络之间互连的协议，也就是为计算机网络相互连接进行通信而设计的协议。

参与网络通信的计算机必须有一个唯一的地址，以便能够被其他计算机找到，IP 地址就是用来给Internet上的计算机一个唯一的编号，目前 IP 地址有 IPv4 和 IPv6 两个版本。

以 IPv4 为例介绍 IP 地址的格式，IPv4 的 IP 地址是一个 32 位的二进制数，通常被分割为 4 个“8 位二进制数”，因此每一段取值的范围是 0～255。例如百度的一个服务器的 IP 地址是 61.135.169.121，263 邮箱服务器的 IP 地址是 211.150.65.26 等。

2. 端口号

一个 IP 地址对应一台计算机，但是一个服务器通常会运行多个网络程序，比如网络游戏服务器会运行多款游戏，当收到客服端发来游戏 A 的信息时，这个信息只能由游戏 A 的程序处理，而不能由其他游戏程序处理，因此只有 IP 地址还不够，还要区分服务器上的每一个网络程序。我们通过端口号来区分不同的应用程序，计算机端口号用两个字节的整数表示，因此每台计算机有 $2^{16}$ 个端口号，在启动一个服务器上的网络服务时，要指定程序所占用的端口号。系统通常会占用 1024 以内的端口，为避免冲突，我们的程序应该使用 1024 以上的端口。

3. 主机名

主机名有时称为域名，主机名映射到 IP 地址，例如百度的主机名是www.baidu.com，263 邮箱服务器的主机名是 www.263.net。显然主机名比 IP 地址更容易记住。

### 12.1.2　网络协议

计算机网络中实现通信必须有一些约定即通信协议，对速率、传输代码、代码结构、传输控制步骤、出错控制等指定标准。

常用的网络协议有 TCP 协议和 UDP 协议。

1. TCP 协议

TCP（Transmission Control Protocol，传输控制协议）是一种面向连接的、可靠的、基于字节流的传输层通信协议，它保障了两个应用程序之间的可靠通信。面向连接的含义就是在通信之前，要先在两台计算机之间创建连接。通常用于互联网协议，被称为 TCP/IP。

2. UDP 协议

UDP（User Datagram Protocol，用户数据报协议）是一个无连接的协议。UDP 报文没有可靠性保证、顺序保证和流量控制字段等，可靠性较差。但是正因为 UDP 协议的控制选项较少，所以在数据传输过程中延迟小、数据传输效率高，适合对可靠性要求不高的应用程序。

## 12.2　基于 TCP/IP 的通信

TCP 是以连接为基础的，通信之前一定要建立连接，比较适合于客户机/服务器模式的网络程序。Socket 通常用来实现客户方和服务方的连接。

### 12.2.1　Socket 通信

网络上的两个程序通过一个双向的通信连接实现数据的交换，这个双向链路的一端称为一个 Socket。Socket 是 TCP/IP 协议的一个十分流行的编程接口，一个 Socket 由一个 IP 地址和一个端口号唯一确定。

java.net 包中提供了分别用于服务器端和客户端的 Socket 类，ServerSocket 类用于服务器端，Socket 类用于客户端。

建立 Socket 连接并通信的过程大致如下：

（1）服务器实例化一个 ServerSocket 对象，通过构造方法的参数指定服务占用的端口号。

（2）服务器调用 ServerSocket 类的 accept()方法，等待客户端的连接，该方法一直等待，直到有客户端连接上来。

（3）客户端实例化一个 Socket 对象，通过构造方法指定要连接服务器的 IP 地址和端口号。实例化 Socket 对象的过程就是请求连接的过程。如果成功实例化一个 Socket 对象，表明已成功连接到服务器，之后可以通过这个 Socket 对象与服务器进行通信。

（4）客户端请求连接时，在服务器端 accept()方法返回服务器上一个新的 Socket 引用，该 Socket 连接到客户端的 Socket，利用这个 Socket 对象与客户端通信。

（5）每一个 Socket 都有一个输出流和一个输入流，连接建立后，通过使用 Socket 的输出流和输入流进行通信，客户端的输出流连接到服务器端的输入流，而客户端的输入流连接到服务器端的输出流。

（6）通信结束后，关闭输入输出流和 Socket。

我们可以通过图 12.1 来了解 Socket 通信的整过过程。

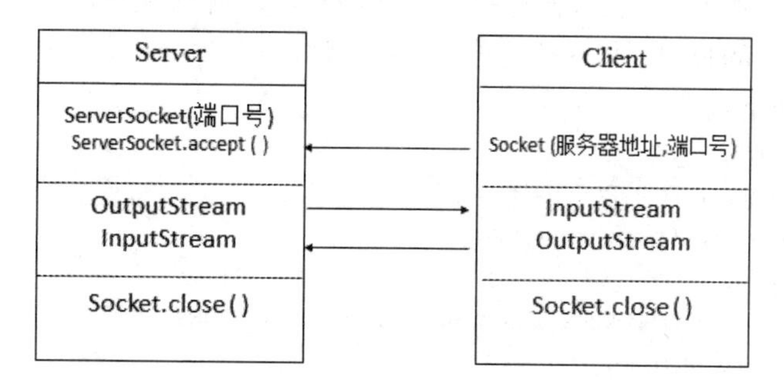


图 12.1　Socket 通信过程

### 12.2.2 实现 Socket 通信的类

使用 Socket 实现网络连接与通信，常用的类有 Socket、ServerSocket 和 InetAddress。客户端使用 Socket 类，服务器端使用 ServerSocket，InetAddress 是 IP 地址的封装类。

1. ServerSocket 类

服务器应用程序通过使用 ServerSocket 类来获取一个端口，并且侦听客户端请求。可以使用 ServerSocket 类的如下构造方法指定应用程序占用的端口：

```
public ServerSocket(int port)   throws IOException
```

后面的实例程序可能用到 ServerSocket 类的方法有：

- public Socket accept() throws IOException：侦听并接收此套接字的连接。
- public int getLocalPort()：返回 ServerSocket 对象的侦听端口号。

2. Socket 类

客户端程序使用 Socket 类请求与服务器连接。可以使用下面的构造方法的参数指定服务器的 IP 地址和服务器程序使用的端口号。

```
public Socket(String host, int port) throws UnknownHostException, IOException
```

下面列出部分常用方法。

- public InetAddress getInetAddress()：返回此 Socket 连接到的远程地址。
- public InetAddress getLocalAddress()：返回此 Socket 绑定的本地地址。
- public int getPort()：返回此 Socket 连接到的远程端口。
- public int getLocalPort()：返回此 Socket 绑定的本地端口。
- public InputStream getInputStream() throws IOException：返回此套接字的输入流。
- public OutputStream getOutputStream() throws IOException：返回此套接字的输出流。

3. InetAddress 类

这个类表示互联网协议（IP）地址，常用的方法有：

- String getHostAddress()：返回 IP 地址字符串（以文本表现形式）。
- String getHostName()：获取此 IP 地址的主机名。

4. Socket 连接实例

**例 12.1** 建立一个服务器 Server 类，在主方法中创建 ServerSocket 对象，并在循环中等待客户端的连接，连接成功后，输出客户端的 IP 地址和端口号，然后通过 Socket 向客户端输出一个字符串，最后再通过 Socket 从客户端读一个字符串并输出。建立客户端 Client 类，在主方法中创建 Socket 对象，与服务器连接，连接成功后，通过 Socket 从服务器读一个字符串并输出，然后再通过 Socket 向服务器发送一个字符串。

服务器端程序如下：

```
public class Server {
    public static int TCP_PORT = 4000;
    public static void main(String[] args) {
        try {
            ServerSocket ss = new ServerSocket(TCP_PORT);
            while(true){
                Socket s = ss.accept();
```

```
                InetAddress address = s.getInetAddress();
                System.out.print("A Client Connected IP: ");
                System.out.print( address.getHostAddress());
                System.out.println("    PORT: " + s.getPort());
                OutputStream os = s.getOutputStream();
                DataOutputStream dos = new DataOutputStream(os);
                InputStream is = s.getInputStream();
                DataInputStream dis = new DataInputStream(is);
                BufferedReader   br = new BufferedReader(
                                    new InputStreamReader(System.in));
                String str = br.readLine();
                dos.writeUTF(str);
                System.out.println(dis.readUTF());
                dos.close();
                dis.close();
                s.close();}
        } catch (IOException e) {
            e.printStackTrace();
        }
    }
}
```

程序的最前面创建一个 ServerSocket 对象，然后在一个死循环中不断地监听客户端的连接。当有客户端连接时，就输出有客户端连接的信息，并输出客户端的 IP 地址和端口号。os 和 is 分别是与 Socket 对象 s 关联的输出流和输入流，再将它们分别包装成数据输出流 dos 和数据输入流 dis。最后从键盘读入一个字符串，由 dos 向客户端输出，再由 dis 从客户端读入一个字符串并输出到控制台。

客户端程序如下：

```
public class Client {
    public static void main(String[] args) {
        try {
            Socket s = new Socket("127.0.0.1", Server.TCP_PORT);
            OutputStream os = s.getOutputStream();
            DataOutputStream dos = new DataOutputStream(os);
            InputStream is = s.getInputStream();
            DataInputStream dis = new DataInputStream(is);
            System.out.println(dis.readUTF());
            BufferedReader   br = new BufferedReader(
                                new InputStreamReader(System.in));
            String str = br.readLine();
            dos.writeUTF(str);
            dos.close();
            dis.close();
            s.close();
        } catch (UnknownHostException e) {
            e.printStackTrace();
```

```
            } catch (IOException e) {
                e.printStackTrace();
            }
        }
    }
```

首先创建 Socket 对象与服务器连接，两个参数分别是服务器的 IP 地址和应用程序所占用的端口号，本机的 IP 地址是 127.0.0.1。然后与服务器端的代码类似，先从网络读入一个字符串并输出到控制台，再从键盘输入一行信息，输出到网络。

首先运行服务器程序，然后运行客户端程序，这时在服务器的控制台看到以下输出：

```
A Client Connected IP: 127.0.0.1    PORT: 53841
```

当有多个程序运行时，每个程序都有自己的控制台，可以通过图 12.2 所示问题窗口中的控制台切换按钮实现各程序控制台的切换。

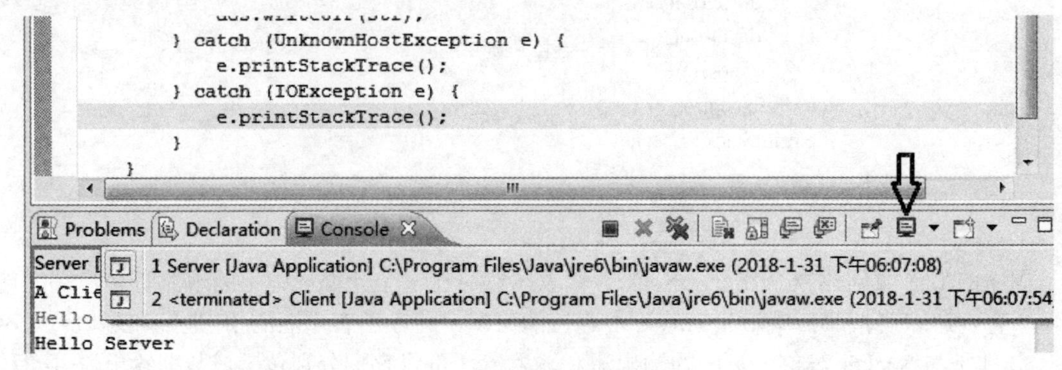


图 12.2　控制台切换

切换到服务器控制台，将光标放在控制台中，键盘输入 Hello Client1 并回车，然后再切换到客户端控制台，发现在控制台中已经有如下输出：

```
Hello Client1
```

将光标放在控制台中，从键盘输入 Hello Server 并回车，然后再切换到服务器端控制台，字符串“Hello Server”已经在控制台中输出。这时客户端程序已经运行结束。

再运行一次客户端程序，服务器又收到一个客户端的连接，切换到服务器控制台，发现又输出一行客户端连接的信息，如下：

```
A Client Connected IP: 127.0.0.1    PORT: 55022
```

下面的运行过程与第一次运行客户端程序的过程一样，最终在服务器控制台的输出如下：

```
A Client Connected IP: 127.0.0.1    PORT: 53841      【程序输出】
Hello Client1                                        {键盘输入}
Hello Server                                         【程序输出】
A Client Connected IP: 127.0.0.1    PORT: 55022      【程序输出】
Hello Client2                                        {键盘输入}
Hello Server                                         【程序输出】
```

从上面的输出可以看到，客户端程序两次运行所占用的端口是不一样的，这样我们就可以在同一台计算机上模拟多个客户端连接到服务器。

在客户端创建 Socket 对象时，并不需要指定客户端程序所使用的端口，这个端口是系统分配的。

### 12.2.3　简单的聊天室程序

下面通过一个简单的聊天室程序介绍客户端/服务器程序的主要结构。

**例 12.2**　设计简单的聊天室程序，运行结果如图 12.3 所示。图中左面的窗口是服务器运行界面，只有一个文本域，用来显示客户端的连接信息，每当有客户端连接时显示该客户端的 IP 地址和端口，以及当前连接的客户端数。后面的两个窗口是客户端程序运行界面，客户端界面有一个文本域组件和一个文本框组件，在文本框中输入文本并按回车键后，就会将文本框中的内容显示到上面的文本域中并发送给服务器，服务器收到信息后，在信息的前面加上客户端的 IP 地址和端口号，然后转发给其他客户端，客户端程序再将收到的信息显示在文本域中。

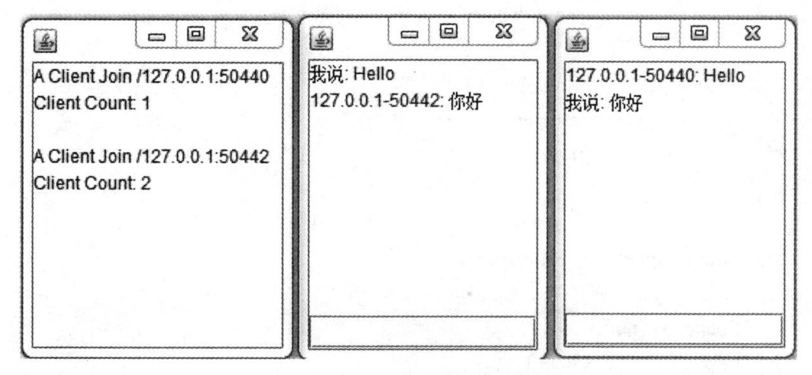


图 12.3　程序运行界面

根据程序的要求，服务器端程序应包括创建界面、启动服务器等待用户的连接、记录连接到服务器的所有客户端、接收客户端发来的信息和向客户端发送信息。

为了记录已连接客户端的信息并收发消息，我们在服务器中添加一个内部线程类 Client，由该类完成与指定客户端的通信任务。在服务器类中添加一个 Client 类型的链表，保存所有连接上的客户端。

服务器端程序如下：

```
public class ChatServer extends JFrame
{
    public static final int PORT = 4001;
    JTextArea ta = new JTextArea();
    ServerSocket server = null;
    List<Client> clients = new ArrayList<Client>();
    public static void main(String[] args) throws Exception
    {
        ChatServer s = new ChatServer();
        s.startServer();
    }
    public ChatServer()
    {
        this.getContentPane().add(ta, BorderLayout.CENTER);
        setBounds(200,100,200,300);
        this.setDefaultCloseOperation(JFrame.EXIT_ON_CLOSE);
```

```
        setVisible(true);
    }
    public void startServer()
    {
        try {
            server = new ServerSocket(PORT);
            while(true)
            {
                Socket s = server.accept();
                clients.add( new Client(s) );
                ta.append("A Client Join " + s.getInetAddress() + ":" + s.getPort() + "\n");
                ta.append( "Client Count: " + clients.size() + "\n\n");
            }
        } catch (IOException e) {
            e.printStackTrace();
            System.exit(-1);
        }
    }
    class Client implements Runnable
    {
        Socket s = null;
        public Client(Socket s)
        {
            this.s = s;
            (new Thread(this)).start();
        }
        public void send(String str) throws IOException
        {
            DataOutputStream dos = new DataOutputStream(s.getOutputStream());
            dos.writeUTF(str);
        }
        public void dispose()
        {
            try {
                if (s != null) s.close();
                clients.remove(this);
                ta.append("A client out! \n");
                ta.append("CLIENT-COUNT: " + clients.size() + "\n\n");
            }
            catch (Exception e)
            {
                e.printStackTrace();
            }
        }
        public void run()
        {
```

```
                try {
                    DataInputStream dis = new DataInputStream(s.getInputStream());
                    String str = dis.readUTF();
                    while(str != null && str.length() !=0)
                    {
                        String head = s.getInetAddress().getHostAddress();
                        head += "-" + s.getPort();
                        str = head + "说: " + str;
                        for(int i=0; i<clients.size(); i++){
                            Client c = clients.get(i);
                            if(this != c){
                                c.send(str);
                            }
                        }
                        str = dis.readUTF();
                    }
                }
                catch (Exception e)
                {
                    System.out.println("client quit");
                    this.dispose();
                }
            }
        }
    }
```

在构造方法中创建程序界面，方法 startServer()启动服务器，通过死循环不断地监听客户端的连接，每当一个客户端连接上就创建一个 Client 对象，将其添加到客户端链表中，并在界面中输出该客户端的信息和已连接客户端数。

主要工作是由内部类 Client 完成的。Client 有一个 Socket 属性，以便获取客户端的信息，通过构造方法的参数给属性赋值，在构造方法中创建线程并启动。

在 run()方法中，不停地从客户端读取信息，然后在信息前加上客户端的信息并发给其他所有客户端。如果读取信息产生异常，则关闭该 Socket。

客户端程序的任务包括创建界面、建立服务器连接、接收服务器的消息、向服务器发送消息等。由于客户端也要随时接收信息，因此也用一个线程类完成这项工作。

客户端程序如下：

```
public class ChatClient extends JFrame implements ActionListener
{
    JTextArea ta = new JTextArea();
    JTextField tf = new JTextField();
    Socket s = null;
    public static void main(String[] args) throws Exception
    {
        ChatClient cc = new ChatClient();
    }
```

```
    public ChatClient()
    {
        try {
            s = new Socket("127.0.0.1", ChatServer.PORT);
        } catch (IOException e) {
            e.printStackTrace();
            System.exit(-1);
        }
        createForm();
        Thread t = new Thread(new ReceiveThread());
        t.start();
    }
    public void createForm()
    {
        this.getContentPane().add(ta, BorderLayout.CENTER);
        this.getContentPane().add(tf, BorderLayout.SOUTH);
        tf.addActionListener(this);
        setBounds(300,300,300,400);
        this.setDefaultCloseOperation(JFrame.EXIT_ON_CLOSE);
        setVisible(true);
        tf.requestFocus();
    }
    public void actionPerformed(ActionEvent e){
        String str = tf.getText();
        if(str.trim().length() == 0)
          return;
        send(str);
        tf.setText("");
        ta.append("我说: " + str + "\n");
    }
    public void send(String str)
    {
        try {
            DataOutputStream dos = new DataOutputStream(s.getOutputStream());
            dos.writeUTF(str);
        } catch (IOException e) {
            e.printStackTrace();
        }
    }
    class ReceiveThread implements Runnable
    {
        public void run()
        {
            if(s == null) return;
            try {
                DataInputStream dis = new DataInputStream(s.getInputStream());
```

```
                String str = dis.readUTF();
                while (str != null && str.length() != 0)
                {
                    ChatClient.this.ta.append(str + "\n");
                    str = dis.readUTF();
                }
            }
            catch (Exception e)
            {
                e.printStackTrace();
            }
        }
    }
}
```

createForm()方法完成创建界面的任务，在文本框的事件监听方法中，当按回车键时，如果文本框中的字符串不为空，则将字符串先发送给服务器，然后再显示在文本域中，并清空文本框。

构造方法首先与服务器连接，然后调用 createForm()方法创建界面，最后创建接收信息线程对象并启动线程。

在线程类的 run()方法中，不断地从服务器端读取信息并显示在窗口上方的文本域中。

## 12.3　基于 UDP/IP 的通信

UDP（User Datagram Protocol，用户数据报协议）是一种无连接的传输层协议，提供面向事务的简单不可靠信息传送服务。优点是速度快、比 TCP 稍安全些，缺点是不可靠、不稳定。

当对网络通信质量要求不高的时候，或要求网络通信速度尽可能快的时候，就可以使用 UDP，如网络游戏、视频会议等。

### 12.3.1　实现 UDP 通信

由于 UDP 通信不需要事先连接，因此每发送一次信息都要包含接收方的地址和端口。发送信息前先将接收方的地址、端口和信息内容打包并发送到网络，接收数据时得到一个数据包，然后拆包获取信息内容和发送方的地址与端口。

java.net 包中提供了两个类 DatagramSocket 和 DatagramPacket 用来支持数据报通信，DatagramSocket 用于在程序之间建立传送数据报的通信连接，DatagramPacket 用来表示一个数据报。

1. DatagramSocket 类

DatagramSocket 是用来发送和接收数据的 Socket，常用的构造方法有：

- DatagramSocket()
- DatagramSocket(int port)
- DatagramSocket(int port, InetAddress laddr)

其中，port 指定 Socket 所使用的端口号，如果未指明端口号，则把 Socket 连接到本地主机上的一个可用的端口；laddr 指明一个可用的本地地址，如果不指定本地地址，则系统自动获取。给出端口号时要保证不发生端口冲突，否则会生成 SocketException 异常。

DatagramSocket 类常用的构造方法有：

- public void send(DatagramPacket p)  throws IOException
- public void receive(DatagramPacket p)  throws IOException

send()方法发送一个数据报包，参数 DatagramPacket 就是要发送的数据报包，包含将要发送的数据、数据长度、远程主机的 IP 地址和远程主机的端口号。

receive()方法接收数据报包，数据报的内容存放在参数 p 中。

2. DatagramPacket 类

用数据报方式编写 Client/Server 程序时，无论在客户方还是服务方，首先都要建立一个 DatagramSocket 对象，用来接收或发送数据报，然后使用 DatagramPacket 对象作为传输数据的载体。

DatagramPacket 的常用构造方法有：

- DatagramPacket（byte buf[],int length）
- DatagramPacket(byte buf[], int length, InetAddress address, int port)
- DatagramPacket(byte[] buf, int offset, int length)
- DatagramPacket(byte[] buf, int offset, int length, InetAddress address, int port)

其中，buf 是存放数据报的缓冲区，length 是数据报中数据的长度，address 和 port 指定接收方的地址和端口，offset 指明了数据报的偏移量，也就是发送的数据从 buf 的 offset 索引位置向后的 length 字节。

DatagramPacket 类常用的构造方法有：

- public InetAddress getAddress()：返回数据报包中的 IP 地址。
- public int getPort()：返回数据报包中的端口号。
- public byte[] getData()：返回数据报包中的数据。
- public int getLength()：返回数据报包中数据的长度（字节数）。
- public void setData(byte[buf, int offset, int length)：设置数据报包中的数据，参数分别是数据缓冲区、偏移量、数据长度。
- public void setAddress(InetAddress iaddr)：设置要将此数据报发往的那台机器的 IP 地址。
- public void setPort(int iport)：设置要将此数据报发往的远程主机上的端口号。

3. UDP 通信过程

UDP 通信并不像 TCP 那样有服务器和客户端之分，UDP 中的两个通信端点具有相同的形式。

发送数据端和接收信息端都要创建 DatagramSocket 对象，并通过构造方法指定本机使用的端口，本机的 IP 地址可以由系统自动获取。

在接收数据前，需要创建一个 DatagramPacket 对象，给出接收数据的缓冲区及其长度。然后调用 DatagramSocket 的 receive()方法等待数据报的到来，receive()将一直等待，直到收到一个数据报为止。

发送数据前，也要先生成一个新的 DatagramPacket 对象，可以通过构造方法指定发送数据的缓冲区及其长度，以及接收数据端的 IP 地址和端口。当然也可以通过 set 方法设置这些属性值。然后调用 DatagramSocket 的 send()方法发送数据。

假设两个通信端点分别叫做 Computer1 和 Computer2，两个端点的通信过程可以用图 12.4 来表示。

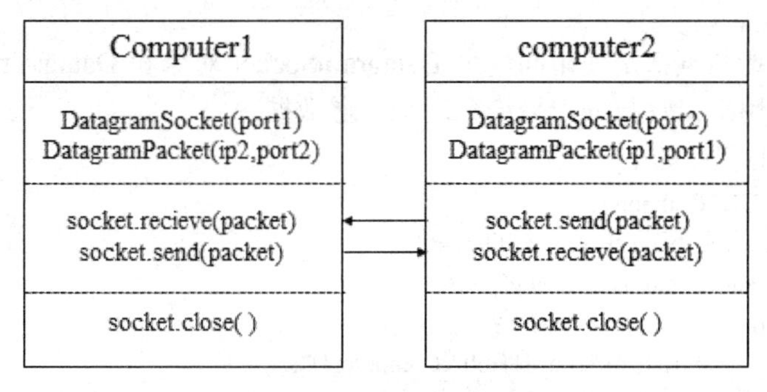


图 12.4 UDP 通信过程

如果是接收数据，则不用设置 DatagramPacket 对象的地址；如果是发送数据，则需要设置接收端的 IP 地址和端口。在图 12.4 中，Computer1 端在创建 DatagramSocket 对象时要指定本机使用的端口，而创建DatagramPacket对象时需要指定的是对方的IP地址和端口，Computer2 也是一样的。

当收到 DatagramPacket 对象后，如果想要知道是哪个端点发来的数据，可以使用 DatagramPacket 的 getSocketAddress()方法获得。

**例 12.3** 实现 UDP 通信，在 Computer1 端的程序先运行，等待接收 Computer2 端发来的数据，收到数据后再向 Computer2 发送信息。在 Computer2 端的程序后运行，先向 Computer1 发送信息，然后再等待接收 Computer1 端发来的数据。

Computer1 端的程序如下：

```
public class UDPComputer1 {
    public static int SERVER_PORT = 4001;
    public static void main(String[] args) {
        try {
            byte[] bufReceive = new byte[1024];
            DatagramPacket packet = new DatagramPacket(bufReceive,bufReceive.length);
            DatagramSocket socket = new DatagramSocket(SERVER_PORT);
            socket.receive(packet);
            String str = new String(bufReceive, 0, packet.getLength());
            System.out.println(str );
            String strSend = "Hello Computer2!";
            byte[] bufSend = strSend.getBytes();
            packet.setData(bufSend,0,bufSend.length);
            packet.setAddress(InetAddress.getByName("127.0.0.1"));
            packet.setPort(UDPComputer2.CLIENT_PORT);
            socket.send(packet);
            socket.close();
        } catch (SocketException e) {
            e.printStackTrace();
```

```
            } catch (IOException e) {
                e.printStackTrace();
            }
        }
    }
```

接收数据和发送数据都是使用同一个 DatagramSocket 对象和 DatagramPacket 对象，使用两个缓冲区，一个用来接收数据，另一个用来发送数据。

Computer2 端的程序如下：

```
public class UDPComputer2 {
    public static int CLIENT_PORT = 4002;
    public static void main(String[] args) {
        try {
            String strSend = "Hello Computer1!";
            byte[] bufSend = strSend.getBytes();
            DatagramPacket packet = new DatagramPacket(bufSend,bufSend.length);
            DatagramSocket socket = new DatagramSocket(CLIENT_PORT );
            packet.setAddress(InetAddress.getByName("127.0.0.1"));
            packet.setPort(UDPComputer1.SERVER_PORT);
            socket.send(packet);
            byte[] bufReceive = new byte[1024];
            packet.setData(bufReceive);
            socket.receive(packet);
            String strReceive = new String(bufReceive, 0, packet.getLength());
            System.out.println(strReceive);
            socket.close();
        } catch (SocketException e) {
            e.printStackTrace();
        } catch (IOException e) {
            e.printStackTrace();
        }
    }
}
```

Computer2 端的代码与 Computer1 端的代码类似，只是 Computer1 端是先接收后发送，而 Computer2 端是先发送后接收。

先运行 Computer1，再运行 Computer2，分别观察两个程序的控制台输出信息。

### 12.3.2 UDP 实现简单的聊天室

**例 12.4** 使用 UDP 实现与例 12.2 类似的聊天室。

与 TCP 不同的是，UDP 服务器不需要为每个客户端建立线程来监听各客户端的信息，只要在循环中监听所有信息即可。

服务器端代码如下：

```
public class ChatServer extends JFrame
{
    public static final int PORT = 4001;
```

```
JTextArea ta = new JTextArea();
DatagramSocket socket = null;
DatagramPacket packet = null;
List<Client> clients = new ArrayList<Client>();
public static void main(String[] args) throws Exception
{
        ChatServer s = new ChatServer();
        s.startServer();
}
public ChatServer()
{
        this.getContentPane().add(ta, BorderLayout.CENTER);
        setBounds(200,100,200,300);
        this.setDefaultCloseOperation(JFrame.EXIT_ON_CLOSE);
        setVisible(true);
}
public void startServer()
{
        byte[] buf = new byte[1024];
        try {
                socket = new DatagramSocket(PORT);
                packet = new DatagramPacket(buf,buf.length);
                while(true)
                {
                        socket.receive(packet);
                        SocketAddress address = packet.getSocketAddress();
                        boolean hasin = false;
                        for(int i=0; i<clients.size(); i++){
                                Client c = clients.get(i);
                                if(c.address.equals(address)){
                                        hasin = true;
                                }
                        }
                        for(int i=0; i<clients.size(); i++){
                                Client c = clients.get(i);
                                if(!c.address.equals(address)){
                                        packet.setSocketAddress(c.address);
                                        socket.send(packet);
                                }
                        }
                        if(!hasin){
                                Client client =   new Client(address);
                                clients.add(client );
                        }
                }
        } catch (IOException e) {
```

```
				e.printStackTrace();
				System.exit(-1);
			}
		}
		class Client
		{
			SocketAddress address = null;
			public Client(SocketAddress address)
			{
				this.address = address;
			}
		}
	}
```

内部类 Client 用于保存客户端的 IP 地址和端口号，当收到客户端的信息时，将这个信息发给其他所有已经发过信息的客户端，如果这个客户端是第一次发信息，还要将这个客户端添加到客户端链表 clients 中。

客户端的代码与 TCP 聊天室比较类似，也是有一个专门接收信息的线程，发送信息也是在文本框的监听器中调用的，代码如下：

```
public class ChatClient extends JFrame implements ActionListener
{
	JTextArea ta = new JTextArea();
	JTextField tf = new JTextField();
	DatagramSocket socket = null;
	DatagramPacket packet = null;
	public static void main(String[] args) throws Exception
	{
		ChatClient cc = new ChatClient();
	}
	public ChatClient()
	{
		byte[] buf = new byte[1024];
		try {
			socket = new DatagramSocket();
			packet = new DatagramPacket(buf, buf.length);
		} catch (IOException e) {
			e.printStackTrace();
			System.exit(-1);
		}
		createForm();
		Thread t = new Thread(new ReceiveThread());
		t.start();
	}
	public void createForm()
	{
		this.getContentPane().add(ta, BorderLayout.CENTER);
```

```
        this.getContentPane().add(tf, BorderLayout.SOUTH);
        tf.addActionListener(this);
        setBounds(300,300,300,400);
        this.setDefaultCloseOperation(JFrame.EXIT_ON_CLOSE);
        setVisible(true);
        tf.requestFocus();
    }
    public void actionPerformed(ActionEvent e){
        String str = tf.getText();
        if(str.trim().length() == 0)
            return;
        tf.setText("");
        ta.append("我: " + str + "\n");
        try {
            str = InetAddress.getLocalHost().getHostAddress()+": "
                        + socket.getLocalPort() + ": " + str;
        } catch (UnknownHostException e1) {
            e1.printStackTrace();
        }
        send(str);
    }
    public void send(String str)
    {
        byte[] buf = str.getBytes();
        try {
            packet.setData(buf);
            packet.setAddress(InetAddress.getByName("127.0.0.1"));
            packet.setPort(ChatServer.PORT);
            socket.send(packet);
        } catch (UnknownHostException e1) {
            e1.printStackTrace();
        } catch (IOException e) {
            e.printStackTrace();
        }
    }
    class ReceiveThread implements Runnable
    {
        public void run()
        {
            byte[] buf = new byte[1024];
            DatagramPacket packet = new DatagramPacket(buf,buf.length);
            while(true){
                try {
                    socket.receive(packet);
                    String str = new String(buf,0,packet.getLength());
                    ChatClient.this.ta.append(str + "\n");
```

```
                    }
                    catch (Exception e)
                    {
                        e.printStackTrace();
                    }
                }
            }
        }
    }
```

在发送信息之前，将本机的 IP 地址和端口号放在具体信息的前面，这样可以在聊天窗口中看到是哪个人说的话。

运行服务器程序，然后再运行几个客户端程序，在文本框中输入一些字符并回车，观察运行情况。

## 12.4 习题

### 一、选择题

1．Java 程序中，使用 TCP 编写服务器端程序的类是（　　）。

A．Socket　　B．DatagramSocket

C．ServerSocket　　D．DatagramPacket

2．ServerSocket 的监听方法 accept 的返回值类型是（　　）。

A．void　　B．Object

C．Socket　　D．DatagramSocket

3．使用 UDP 通信时，常用（　　）类把要发送的信息打包。

A．String　　B．DatagramSocket

C．MuticastSocket　　D．DatagramPacket

4．使用 UDP 通信时，下列（　　）方法用于接收数据。

A．read()　　B．receive()

C．accept()　　D．listen()

5．使用 UDP 通信时，为了取得数据报的源地址，用下列（　　）方法。

A．getAddress()　　B．getPort()

C．getName()　　D．getData()

6．当使用客户端套接字 Socket 创建对象时，需要指定（　　）。

A．服务器地址和端口　　B．服务器端口和客户端端口

C．服务器地址和客户端端口　　D．服务器地址和客户端地址

### 二、判断题

1．通过 TCP 协议传输，得到的是一个顺序的无差错的数据流。

2．对于 Socket 通信，服务端可以自己找到客户端并发送数据。

3．对于 Socket 通信，如果没有多线程支持，则无法实现多个客户端同时连接服务器端。

4．Socket 对象使用完不需要手动关闭，Java 垃圾回收机制会自动关闭 Socket。

5．ServerSocket 用于建立等待来自客户端访问的“服务器”，而 Socket 用于表示网络间的通信。

6．对于 UDP 通信，每个数据报中都给出了完整的地址信息，因此不需要建立发送方和接收方的连接。

7．TCP/IP 是最可靠的双向流协议，等待客户端的服务器使用 ServerSocket 类，而要连接到服务器的客户端则使用 Socket 类。

## 三、编程题

使用 TCP 网络编程完成用户登录功能，客户端输入用户名和密码，向服务器发出登录请求，服务器接收数据并进行判断，如果用户名和密码正确则登录成功，否则登录失败，将结果返回给客户端，客户端接收反馈信息。

**提示：**可以在服务器端程序创建一个 User 类，包含用户名和密码，用一个 User 数组保存一些用户数据，将这个数组中的用户当成已经注册的用户。

# 参考文献


[1] 李明，吴琼．Java 程序设计案例教程[M]．北京：清华大学出版社，2013．

[2] 陈明．Java 语言程序设计[M]．北京：清华大学出版社，2009．

[3] 黄晓东．Java 课程设计案例精编．2 版[M]．北京：中国水利水电出版社，2008．

[4] 陈涛．基于案例教学的 Java 语言课程改革研究[J]．教育研究与实验，2009（s3）：69-75．

[5] 黄艳峰．在 Java 语言中实施“案例教学”的研究与探索[J]．电脑知识与技术，2010，6（5）：1148-1149．